心理拖延症

"推开心理咨询室的门"编写组 编著

中国纺织出版社有限公司

内 容 提 要

拖延，对于每个人来说都是一种不良的习惯。我们应先从本质上认识和理解自己的拖延心理，找到拖延行为产生的根本原因，才能对症下药，找到根治拖延症的方法，进而提升行动力和效率。

本书从心理学的角度出发，挖掘了拖延行为产生的深层次心理原因，阐述了拖延心理和行为对日常生活和工作的危害，并教导人们逐步克服拖延症，努力消除拖延症的干扰。假如你也是一名拖延者，那么赶快行动起来吧，还等什么呢？

图书在版编目（CIP）数据

心理拖延症 /"推开心理咨询室的门"编写组编著. -- 北京：中国纺织出版社有限公司，2024.7
ISBN 978-7-5229-1561-6

Ⅰ.①心… Ⅱ.①推… Ⅲ.①成功心理—通俗读物 Ⅳ.①B848.4-49

中国国家版本馆CIP数据核字（2024）第056769号

责任编辑：林 启　　责任校对：高 涵　　责任印制：储志伟

中国纺织出版社有限公司出版发行
地址：北京市朝阳区百子湾东里A407号楼　邮政编码：100124
销售电话：010—67004422　传真：010—87155801
http://www.c-textilep.com
中国纺织出版社天猫旗舰店
官方微博 http://weibo.com/2119887771
天津千鹤文化传播有限公司印刷　各地新华书店经销
2024年7月第1版第1次印刷
开本：880×1230　1/32　印张：7
字数：126千字　定价：49.80元

凡购本书，如有缺页、倒页、脱页，由本社图书营销中心调换

前言

生活中的你，是否有这样的情况发生：

清晨，床头的闹钟已经响了很多遍，但你总是告诉自己还可以再睡一会儿，最终导致上班迟到、被上司批评；

你准备进行一项职业培训学习，但是始终没有报名；

一直在说要减肥，但一直未曾实施；

跟恋爱对象定好约会时间，你总是迟到，他（她）一忍再忍，终于有一天爆发了；

上司交代的任务今天是最后一天了，但是你总是在干这干那始终没开始；

答应孩子到了暑假陪他去旅游，但好几个暑假过去了，你也没履行你的承诺；

你准备实施一个方案，但是你总觉得方案哪里还存在问题、不够完美，索性就迟迟不开始……

这些零碎的生活状况，有一个共同点：你的拖延导致了行动迟缓，延误了处理和解决问题的最佳时机，最终引发了很糟糕的结果，而此时，你的情绪状况也会变得很糟糕。事实上，我们每个人都有某种程度的拖延心理，如果这些状况只是偶尔在你身上发生，倒也无所谓，但如果你已经有了拖延习惯，那么你要反省一下它对你的生活和工作造成了怎样的负面影响。

然而，对于现代人来说，拖延行为似乎已经成了一种群体性"行为"，据不完全统计，在不同文化背景下，有超过70%的学生承认自己存在学业拖延行为；15%~20%的成年人有着慢性拖延习惯。与此同时，有超九成的拖延者希望减轻他们的拖延恶习。因为拖延问题，让他们的生活状态不够满意，为此倍感苦恼。

不得不说，对于任何人来说，拖延都是一种不良的行为习惯，有拖延症的人自我控制能力较差、意志力薄弱，习惯逃避困难、不愿意正视现实。相反，那些事业成功、做事效率高的人，都有个共同的特征：绝不拖延，立即行动，今日事今日毕。拖延这一恶习会影响到一个人一生的命运轨迹，而我们只有认识到拖延症的危害，并改正这种拖延的习惯才能使得自己重新进入正常的生活轨道。

为了帮助拖延者认识到拖延的危害并努力摆脱拖延症，我们编写了本书。本书从心理分析的角度，对生活中形态各异的拖延行为进行了解释，挖掘了拖延行为产生的深层次原因，并给出了具体的、具有针对性的克服拖延症的方法，旨在告诉拖延者们，我们只有从本质上认识和理解自己的拖延行为，才能找到最适合自己的方法。

编著者
2023年12月

目录

第1章 找到拖延症结：你为什么总是磨磨蹭蹭 / 001

心理拖延，总是迟迟不做决定 / 002
缺乏自信对行动力的影响 / 007
害怕失败，让你迟迟不敢行动 / 010
积极拖延，给自己适当的压力 / 014
自律并非精神上的枷锁 / 019

第2章 认清拖延的危害：别让明天为你的拖延买单 / 023

幼时的拖拉习惯会强化成年后的拖延行为 / 024
你今天有拖延行为吗 / 029
人们为什么会有现时偏向型偏好 / 034
拖延症的严重后果，你知道吗 / 039
拖延症的具体表现你了解吗 / 043
你可以这样检测自己是否有拖延症 / 047

第3章 自我控制，别让惰性偷走你的时间 / 049

懒惰习惯的形成过程 / 050

犹太人的"第克替特时间" / 053

曾国藩的"五勤"是什么 / 057

懒惰不会获得永远的安逸 / 061

"没时间"是懒惰者的口头禅 / 065

第4章　切断干扰源，让自己处于专注高效的环境中 / 069

专注于让你感兴趣的事 / 070

你每天有多少时间被打扰了 / 074

专注手头事，别让分外事干扰自己 / 079

别让娱乐八卦分散你的注意力 / 085

偶尔关掉手机，获得短暂的宁静 / 089

别轻易说失败，鼓起勇气再尝试一次 / 095

第5章　超限效应，其实完成比完美更有意义 / 101

完美主义让你迟迟不肯行动 / 102

事情总会出现意外的转机 / 107

没有把握的事，你总是拒绝 / 110

即使失败，也没什么大不了 / 114

目录

第6章　制订目标和计划，有方向的行动不拖延　/ 119

番茄钟，工作和休息要有计划　/ 120
没有梦想，行动就毫无意义　/ 124
制订计划，不妨从本周开始　/ 128
找对方法，别一味地瞎忙　/ 132
拟订目标，制订行动计划　/ 136

第7章　20 秒法则，想得再多不如立即去做　/ 141

要实现目标，就要马上行动　/ 142
先做最重要的事　/ 144
做事，心动更要行动　/ 148
抱怨毫无意义，不如付诸实际行动　/ 151

第8章　做好时间管理，用高效做事抵抗拖延　/ 155

掌握时间管理中的平衡法则　/ 156
如何做好碎片化时间管理　/ 159
待办事项中，到底先做哪件事　/ 162
在对的时间做对的事　/ 166
最大限度提高做事效率　/ 170

第9章 拒绝借口,是克服拖延症的第一步 / 175

做好本职工作,无须借口 / 176
失败者找借口,成功者找理由 / 180
人生不需要任何借口 / 184
只找方法,不找借口 / 188

第10章 着眼当下,坚持做好每天应该做的事 / 193

高效率做事是一种能力 / 194
一次就将事情做好,避免返工 / 197
每天只需要做好一件事情 / 202
要么不做,要么就做到最好 / 206
坚持下去,做事绝不能"三分钟热情" / 211

参考文献 / 215

第1章

找到拖延症结：你为什么总是磨磨蹭蹭

　　拖延总是表现在生活中的各种小事上，然而，日渐严重的拖延症会显著影响一个人的生活和工作。明明知道该做什么却总下不了决心，机遇稍纵即逝，拖延让你与成功擦肩而过。在摆脱拖延症之前，应该搞清楚拖延的症结。

心理拖延，总是迟迟不做决定

不管是生活还是事业，如果我们想要赢得成功，就必须拥有决断力并将之付诸实际行动。事实上，一个人是否成功，很大程度上取决于他的决心和行动。有的人只是嘴上说说，行动上却没办法积极起来，这些人因缺少做决定的勇气，总是被懦弱的性格所控制，这就是为什么生活中存在如此多逐渐失去自我和已经失去自我的人，也是为什么人们不懂得拒绝的原因。这样的人一般是老好人，不懂得怎样坚持自己的立场，他们的工作是父母安排的，每天生活在一个不属于自己的世界里，甚至在父母的安排下与一个不爱的人结婚。曾经，他们也有机会选择自己的事业，可是无法拒绝父母。

王太太这半个月来，一直在考虑是否要买一件新的衣服。她不断地给老公、闺密打电话寻求合适的建议，结果就这样优柔寡断、犹犹豫豫地变换了几十次主意。终于，她来到购物广场，试穿了十多条新裙子，不是穿上显得有些滑稽，就是尺码非常小。王太太非常焦虑，她继续在商场里闲逛。没过多久，她又试穿了一件比较淑女的裙子，还有一件看上去比较活泼的裙子，但是直到最后她也没能决定买哪一款。

第1章
找到拖延症结：你为什么总是磨磨蹭蹭

就这样，王太太筋疲力尽地回了家，打电话问闺密的意见。闺密说那件尺码小点的裙子更适合她，接着她又和老公商量，老公认为一件漂亮的裙子最好搭配一套精美的首饰。王太太听从了别人的建议，但是这一切都是她所喜欢的吗？尺码小的裙子确实显得苗条，不过好像只符合闺密的品位。

过了一段时间，王太太把裙子退了回去，她又穿上了去年的那套裙子。王太太不但购物如此，就连平时生活中的其他小事也一样犹豫不决。想准备一顿稍微丰富的晚餐，她会在牛肉与羊肉之间拿不准主意。每次出门，都会犯强迫症，要回来好几次看家门锁好没有。

很多人与王太太有着差不多的性格。每天早上坐在办公桌前，会为先做哪一件事而犹豫不决，今天是先见客户呢，还是先把会议需要的方案做好？当他觉得今天气温很高，不适合外出拜访客户的时候，却又想到会议是下周一才开始，还有好几天的时间，而客户那边已经打电话在催了，不如还是去拜访客户吧。但是，出了办公室，又忍不住感到一丝疲惫，心想，明天再去也不迟呢！于是，又返回办公室去做方案，最后几经周折，一件事情都没有做完，却马上到吃饭的时间了。

一位经常优柔寡断、犹豫不决的女士总是无法确定自己是否关了煤气，或是断了电熨斗及烤箱的电，只要这种担心一出现，她就会强迫自己回家去看一下。

有一次，这位女士前往云南度假，在半路上她开始下意识地担心家里，然后想到煤气。她十分不安，不断臆想家里的情形。当车子行驶到丽江时，她已经想象到家里的房子燃起了熊熊烈火，家里浓烟滚滚，周围的邻居只能从窗户跳出逃命。这位女士认为自己的粗心会造成这一切，于是她返身赶回家里。

精神病学专家迪亚·吉普森博士表示："一般来说，人们犹豫的根源在于焦虑。在财富方面产生忧虑，是因为我们还没有明确定位自己；在复杂的问题上产生忧虑，是因为我们还不知道该如何入手解决。我们害怕自己患上什么病，而不敢去看医生。一个人如果一直这样反复无常、犹豫不决，其挫败感就会积累到极限，最终精神崩溃。"优柔寡断、犹豫不决的情绪，会对人造成精神上的折磨，使人无法正常思考。

1. 优先考虑重点问题

犹豫并不是智力上的问题，所以对于大多数尝试改变自己犹豫性格的人而言，都不必担心这一点。犹豫不决的人的问题在于：顾虑太多，习惯将微不足道的因素当成重要事情来考虑。面对这样的情形，应该优先考虑重点问题。

2. 抓住机会

当机会来临的时候，需要说"是"，而不是"不"。这样就可以把握潜在的机会，主动出击。在生活中，不要为了晚饭是吃羊肉还是牛肉而苦恼。为了这样的问题而犹豫不决，本来就是一种无聊的表现。吃完饭后不要为是否运动而优柔寡断,应马上决定下来,然后行动。

3. 没有"随便"

在吃饭时,当服务员问你吃清汤锅还是麻辣锅时,你不应该说"随便"这种很不负责任的话。这样的话会让服务员小姐感到为难,你应该马上做出选择。看电影的时候,不要选来选去还是决定不了看哪部,要闭上眼睛马上决定。即便看的电影比较差,也总比浪费十多分钟犹豫不决强。

4. 尽早做决定

当我们选择购买什么东西的时候,权衡一下,然后尽早做决定。小失误总比拖泥带水好,在大多数情况下,犹豫不决没有任何好处,尽早做决定的人总比优柔寡断的人更易抓住先机。在公司里,那些很早且很快决定好自己休假的员工,都获得了最佳的休假时间,而那些犹豫不决的人只能排队等候。

5. 赶紧行动

在平时的生活中,我们可以利用一些琐事培养自己快速做决定的习惯,做完决定,马上行动,不要像以前那样没完没了地思考。很想出去旅游吗?那就马上放下手中的其他事情,赶紧去。只要一件事情我们积极面对了,那么当第二件事情出现时,我们就会下意识地选择积极的处理方法来解决。

6. 反复练习

把培养决断力当作一种游戏,反复练习,假如你一直坚持,就会发现收获颇丰,然后继续自信满满地这样做下去。最后，你会摆脱拖沓、犹豫不决的缺点，获得积极生活的态度。通常，生活中的美好事物属于果断决定并积极行动的人。

小贴士

在大多数时候，一个人的犹豫不决往往体现在简单的事情上，越是明智的人，做决定时往往越容易有很多顾虑。而缺乏智慧的人，大多数不会想到众多的制约因素，也不会考虑什么后果。

缺乏自信对行动力的影响

从心理学角度来看,一些人对自身做事能力的不自信是导致拖延行为的一个重要原因,那些曾经遭遇过重大挫败,对自己不够自信的人,很容易产生逃避心理,不断地推迟完成任务。

在这个世界上,每个人都是独一无二的,即便在人们看来对这个社会没什么贡献的人,也可能就是那一颗等待被发现的金子。然而,在现实生活中,我们总是处处与他人比较,觉得自己不如其优秀,似乎自己这辈子真的一事无成了。

事实上,对每一个人来说,命运都是公平的,每个人都有自己的价值,这是不容怀疑的。我们所需要做的就是欣赏自己,认清自己的价值。比较,它带给我们的只是失落、沮丧、烦恼、生气,更为关键的是,比较之后我们会变得不自信,开始怀疑自己的能力,甚至会变得自暴自弃。所以,不要处处比较,给自己平添烦恼,其实我们就是那独一无二的"宝藏"。

小李在公司工作已经3年了,直到现在还在原地踏步,仍然只是一个小职员。虽然他本人对此也感到十分苦恼,但是毫无办法。小李的主管看见他这个样子，真有种"朽木不可雕也"的感叹。

这次，公司业务部新拉了两个客户过来，主管想给小李一个升职的机会，于是把小李喊到办公室："这次你去吧，客户都是比较好说话的，只要你能随机应变，就一定能完成工作任务"。小李显得有点犹豫："我……我……我怕我不行。"主管有点生气了，但还是规劝道："你看跟你一起进公司的人，发展最好的已经晋升到总经理的位置了，你还依旧这样，你也得为自己的工作尽份力量，为公司尽点责任。"看着恨铁不成钢的主管，小李硬着头皮接了下来。

等到第二天，该出发时，小李来到主管办公室，支支吾吾地说："主管，看来我真的不行，我怕到时候把这个客户得罪了，把业务丢了就不好办了，你还是另派一个人去吧。"主管气得说不出话来，只是一个劲儿地叹气。

公司同事知道了这件事情，都不禁对小李的情况议论纷纷："小李真是，面对大好的机会畏畏缩缩，永远干不成大事。""是啊，真是，公司新来的员工办事都比他强。""唉，就别说他了，他那人就那样，都三十好几了，连女朋友都没有谈呢！""啊……"

在日常生活中，像小李这样的大有人在，由于胆怯、不善言辞，结果给自己的工作和生活带来了很大的影响。他们总是担心失败了会怎样，所以经常表现出犹豫不决。由于顾虑的东西实在太多，因此行动起来瞻前顾后，畏首畏尾，最后往往会以失败告终。而一旦工作失败了，他们就会不断地找一些客观的理由和借口为自己开脱。

1. 不要陷入比较的旋涡中

决断者与拖延者的差别在于，决断者从来不与他人比较，他们相信自己永远是独一无二的；而拖延者总是沉迷于比较游戏中，他们在比较中丢失自我，满腹怨气，最后成了平庸的人。

2. 挖掘自己内在的潜能

我们都梦想着成为最优秀的那一个，事实上，我们真的可以成为那样的人。没有谁能够保证你不能成功，既然没有办法否定这一事实，为什么不试一试呢？如果你在生活中总是习惯与别人比较，不敢相信自己，逐渐忽略自己、迷失自己，那么未来的你将会一事无成，而且很可能你的余生都将在烦恼和抱怨中度过。

小贴士

上帝告诉我们：每一个人都是一座宝藏。大量数据显示，每个人都有着无限的潜力和能力，只是尚未被发掘出来。所以，不要贬低自己，而应想办法通过不懈的努力来挖掘自己的内在潜能，其实你就是独一无二的。

害怕失败，让你迟迟不敢行动

拖延者在做一件事情的时候，常常会因为某些外界刺激因素推迟开始做事的时间。他们自我设阻，害怕会遭遇失败，在做事情的过程中，也容易因为困难而中断，转而去做其他事情，并且不断地推迟继续行动。

当我们总是眼高手低的时候，最后的结果将是一无所获。蘑菇生长在阴暗角落，由于得不到阳光又没有肥料，常常面临着自生自灭的局面，只有当它们长到足够高、足够壮的时候，才被人们关注到。事实上，这时它们已经能够独自接受阳光雨露了。这就是心理学上著名的"蘑菇定律"。蘑菇定律最初是由一批年轻的电脑程序员总结出来的，通过蘑菇的生长历程，他们联想到了人所必须经历的过程。

蘑菇生长必须经历这样的过程，而同样的道理，我们每一个人的成长也需要这样一个过程。我们刚开始进入社会的时候，可能像蘑菇一样不受重视，只能替人打杂跑腿，接受无端的批评、指责，得不到提携，处于自生自灭的过程中。

卡莉·费奥瑞娜从斯坦福大学法学院毕业以后，所做的首份工作是一家地产公司的电话接线员。费奥瑞娜每天的工作就是打字、复印、收发文件、整理文件等杂活，父母与亲戚对费奥瑞娜的工作感到不满意，认为一个斯坦福大学的毕业生不应该做这些杂活。但是，费奥瑞娜没有任何怨言，她继续一边努力工作，一边学习。有一天，公司的经纪人向费奥瑞娜问道："你能否帮忙写点文稿？"费奥瑞娜点了点头，凭着这次撰写文稿的机会，她展露了自己卓越的才华。在以后的日子里，卡莉·费奥瑞娜不断向前发展，后来成了惠普公司的CEO。

卡莉·费奥瑞娜的成功案例成为哈佛商学院学子的案头必备研究。我们任何一个人在成长的过程中，都将注定经历不同的苦难、荆棘，那些被困难、挫折击倒的人就必须忍受生活的平庸，而那些战胜苦难、挫折的人则能够突出重围，赢得成功。

亚伯拉罕·林肯在一次竞选参议员失败后这样说道："此路艰辛而泥泞，我一只脚滑了一下，另一只脚也因而站不稳；但我缓口气，告诉自己'这不过是滑一跤，并不是死去而爬不起来'。"一个人克服一点儿困难也许并不困难，难的是能够持之以恒地做下去，直到最后的成功，在人生的逆境中坚定地走下去。

没有人能够预知事情的结果，但是每个人都能够通过自己的决心来改变事情的未来，只要坚持下去，你也可以摘得胜利的果实。聪明的人总是对自己所接手的工作信心满满，并且有把它做成功的决心，他们在做事情的过程中，就在幻想着成功时的喜悦，所以他们往往能够凭借自己的决心做好一切事情。

1. 利用环境成长

当我们不幸被看成"蘑菇"的时候，一味地强调自己是"灵芝"并没有任何作用，对于我们而言，利用环境尽快成长才是最重要的。当自己真的从"蘑菇堆"里脱颖而出的时候，我们的价值就会被人们所认可。

2. 难忘的经历促使你成功

虽然蘑菇般的成长经历给我们带来了压力和痛苦，但是这些难忘的经历有可能让我们赢得成功。哈佛大学的荣誉博士J.K.罗琳就是最典型的例子，她是一位中年女性，在事业最黯淡的时候开始提笔写作，结果，她写出了享誉世界的《哈利·波特》。

3. 意志胜利法

在人生中总是有着种种的不如意，但是意志坚强的人能够将逆境变为顺境，在挫折中寻找转机，在逆境中坚定地走下去，最后获得成功。相反，有的人缺少生活的历练，一旦遭遇挫折或身陷逆境，便就此沉沦。对于他们而言，一次输给了自己，就意味着永远输给了自己。

> **小贴士**

每个人都渴望生活如鱼得水,都希望事业获得成功,但是上帝不会把这些白白赠予你,只有勇于面对蘑菇的经历,成功才会属于你。蘑菇的经历是成功必须经历的过程,只有那些能够忍受一切的人才能得到阳光普照的机会。

积极拖延,给自己适当的压力

其实,拖延可以分为两种状态:消极拖延和积极拖延。生活中,不能按时完成任务属于消极的拖延。对于积极拖延者而言,他们喜欢在压力下工作,这样他们能够做出更好的决定,并及时地实行。

曾在一本书上看到这样一段话:"人一生中都会面临两种选择,一是改变环境去适应自己,二是改变自己去适应环境。既然压力是已经存在的,根本无法彻底消除的,那我们何不积极地改变自己,正确引导各种压力成为自己前进的动力呢?"

在现代社会,几乎每一个人都有压力,其实,适当的压力对我们自身是十分有用的。一个人的潜力究竟有多大呢?我想大多数人都不清楚,对此,科学家指出:人的能力有90%以上处于休眠状态,没有被开发出来。是的,如果一个人没有动力,不经磨炼,没有正确的选择,那么积聚在他身上的潜能就不能被激发出来,而压力会给他这样的动力。所以,适当的压力不仅能激发一个人无限的潜能,还能够带给我们许多快乐。

在日常生活中，来自各方面的压力使我们感到很累，好像被一个巨大、无形的网笼罩着，这令我们做任何一件事情都感到力不从心。于是，在强大的心理压力下，我们常常会幻想享受那种无忧无虑的生活。事实上，没有压力的生活是不可能快乐的，积极的拖延者只会感到烦闷、无聊，这样的生活状态久了，他会感觉自己在堕落，从而丧失了对生命的追求。

另外，生活在现代化的社会，我们无论如何都避不开压力：学生时代，我们所承受的是各种考试的压力；工作时期，有着上司的要求，家人的期许，自己内心的苛求等，这些压力都是无法避免的。既然无法避免这些潜在的压力，何不把其当作生活的调剂品呢？

她是一位典型的家庭主妇，老公做汽车运输生意，生意十分红火，她的事业就是"相夫教子"。每天，她除了煮饭洗衣服，就是逛街打扫卫生，甚至连两个孩子的学习都不用操心，因为请了家庭教师。生活如此惬意的她也常常受到许多人的羡慕："你真有福气啊！老公有本事，孩子聪明伶俐，你年纪轻轻就过上了富太太的生活。哎，真羡慕你，哪像我，还要焦虑这样，担心那样，像你没有压力真好。"刚开始，她也会推辞几句："哪里，哪里。"时间长了，她也会疑惑：难道自己真的如他们想象般快乐吗？以前孩子还小的时候，还可以陪在她身边，现在孩子上学了，老公长时间在外面谈生意，家里就剩下自己一个人，尽管没有金钱的压力，没有生存的压力,但是她总是觉得自己很无聊,心里烦闷,几乎已经远离了久违的快乐,这是为什么呢?

在现代社会,大多数人会羡慕那些没有经济压力的人,总觉得他们的生活是那么悠闲、自在,远离了压力的困扰。事实上,他们的生活真有那么快乐吗?一位朋友这样说:"每天9点我才去上班,10点左右就可以离开了,下午有时候根本不上班。可是,一天剩下了这么多时间,我也不知道怎么打发,心绪变得混乱不堪,时常感到无聊、烦躁,有时候,我甚至感觉自己在浪费生命。"

其实,烦闷的根源来自"无所事事",虽然远离了社会的压力,但是无聊似乎比压力更令人苦恼。对此,心理学家对那些整日闲在家里的人提出一个建议:尽可能找一份自己喜欢的工作,不管收入有多少,至少能够体现自己的价值,给生活带来适当的压力。

一位留学英国的朋友回国,向同学们讲述了自己在国外的生活:"刚开始,我在国外的时候,由于自己英文很烂,害怕出糗,整天把自己关在屋里,看书、上网、看电影,这样的生活状态整整持续了1个月,差点让我崩溃了,我开始想,自己是否应该干点什么?"

后来,她去了应用科学院求学,刚开始的时候,老师讲课她连一半都听不懂,而且老师讲课没有教材,只能靠自己做笔记,压力非常大。当时她想,自己只要及格就行了,没有必要追求名列前茅。于是，每天她都会借同学的笔记来抄，然后跟自己的男朋友一起出去约会。

临近考试的时候，她才开始"抱佛脚"，背诵笔记，每天只睡3小时，第一次考试，她及格了。虽然自己的分数并不是很高，但是令自己高兴的是，老师给全班同学发了一封邮件，在信里，老师这样说："这次考试，我以为出的题目比较难，但是令我没有想到的是，班里的3个留学生考得还不错，希望你们继续努力。"老师的话令她受到了鼓舞，她开始认真听课，成绩也越来越靠前了，到了第二年，她的成绩就排在了全班第一。这样的成绩不仅令同学感到惊叹，连她自己都觉得不可思议。最后，她这样说道："在国外求学的经历堪称跌宕起伏，但是我并不觉得有什么不好，这些所谓的挫折与困难，让我学会了承受，让我赢得了最后的胜利。我们的生活需要适当的压力，压力教会了我们什么是坚持，最重要的是，让我远离了那种无聊、烦闷的生活，重新拾起了久违的快乐。"

有时候，适当的压力并不算什么，当你坚持下去，你会发现已经没有多少压力了，所有的压力都会在行动中找到发泄的途径。只要我们能够坚定地走下去，全力以赴，我们将赢得自信，我们将知道自己能够做得更好，并以此消除各种压力，获得动力，从而走向成功。当然，只有适度的压力才是最有效的，如果压力过大或根本没有压力，我们很难快乐起来，也不能赢得最后的胜利。

小贴士

也许有人会问,什么是适当的压力?适当的压力,是指时间不长、刺激不大、能让人最终有成就感的压力。所以,我们应随时让自己拥有适当的压力,舒缓过大的压力,从而远离无聊、烦躁的心境,重新追逐快乐的生活。

自律并非精神上的枷锁

生活中,许多人总是想得太多,做得太少。为了既定目标,我们需要在一个时间段内把最大的精力投入到合适的地方去,而这个过程要求保持高度自律,同时对其他的选择说"不"。大部分人一提到自律,总是有些排斥,认为这意味着没有自由。其实,自律是自由的。

富兰克林博学多才,他是科学家、作家、外交家、发明家、画家、哲学家;他自修法文、西班牙文、意大利文、拉丁文,并引导美国走上独立之路。富兰克林年轻时,为了完善自身的品德,提出了13种应该遵守的德行,它们是:

(1)节制。食不过饱,饮酒不醉。

(2)寡言。言必于人于己有益,不做无益闲聊。

(3)生活有秩序。各样东西放在一定地方,各项日常事务应有一定的处理时间。

(4)决心。事情当做必做,既做则坚持到底。

(5)俭朴。用钱适当,不得浪费。不干"用损害良心的办法赚钱、用损害健康的方法花钱"的事。

(6)勤勉。不浪费时间,每时每刻做有用之事,戒除一切不必要的行动。

（7）诚恳。不欺骗人，思想要纯洁公正，说话也应诚实。

（8）正直。不做不利他人之事，切勿在履行对人有益的义务时伤害他人。

（9）适度。避免极端与不及。

（10）清洁。身体、衣服和住所应力求整洁，让自己与环境同步美化起来。

（11）镇静。勿因任何事情而惊慌失措。

（12）贞节。学会控制自己。

（13）谦虚。越伟大越谦虚。

为此，富兰克林制作了一本小册子，每一页写上一种美德的名称。每一页上用红墨水笔画出7直行，一星期中每一天占一行，每一行上端注明代表星期几的一个字母。再用红线将直行划分成13个横格，在每一个横格的左边注明每一种美德的第一个字母。若是某天他察觉到自己在哪一方面有过失，便在那一天该项德行的横格内打上一个小黑点。

富兰克林决定每一个星期对某一种德行给予特别密切的注意，预防有关方面的极其微小的过失。这样，"在几个循环之后，在13个星期的逐日检查后，我便愉快地看到一本干净的册子了"。

网络上流传着这样一句话："以大多数人的努力程度，根本轮不到去拼智商。"事实上，自律才是成功的敲门砖。所有成功的人都非常聪明吗？当然不是，智商极高和极低的人均是少数，智力中等或接近中等，约占全部人口的80%。而成功人士身上都有一种共同的优秀品质，即超强的自律能力。

1. 正确认识自己

想要养成自律的习惯，需要正确认识自己，需要确定什么行为能最好地反映你的目标和价值，这个过程就需要自省和自我分析，然后做出一个准确的自我认识。

2. 自我意识的觉醒

如果你每天浑浑噩噩，甚至不知道该干什么，又如何能养成自律的习惯呢？想要培养出高度自律，需要花费相当长的时间，关键在于我们要意识到自己有哪些不自律的行为。

3. 内心暗示

当自律遭受挑战的时候，需要给自己一些内心暗示，鼓励自己并让自己放心，提醒自己：自律的代价总是要比后悔的代价低的。牢记这句话，每当不自律的时候就提醒自己，这会改变你的生活。

小贴士

自律并不是一种精神上的枷锁和镣铐，而是一种寻求内心平衡的最佳方式。或许你觉得自律的生活非常无趣，其实并非如此，自律的人更容易沉下心来看这个世界，然后进行冷静的思考。他们对世界、生命、自我有更丰富的理解。

第2章

认清拖延的危害:别让明天为你的拖延买单

生活中,拖延是一种普遍存在的现象,大部分的人认为自己有时拖延,甚至有部分人认为自己一直拖延。重度拖延会对人们的身心健康造成严重的影响,例如,会导致个人自责、产生负罪感,不断地自我否定、贬低,还会导致焦虑症、抑郁症等心理疾病。

幼时的拖拉习惯会强化成年后的拖延行为

现代人拖延的形成有诸多方面的原因。在信息时代，周围的环境容易导致人们的注意力缺失和不集中，表现为十分容易走神，兴趣过于分散，不管做什么都没办法持续太长时间。比如，当你打开电脑准备工作的时候，会忍不住打开手机看有没有新的短信和微信，忍不住打开朋友圈看有没有人对自己刚发的照片进行评论和点赞，或者干脆直接刷十分钟的朋友圈，忍不住在QQ上跟朋友聊一会儿，忍不住打开淘宝的页面看看有没有合适的东西，哪怕自己并不需要购买什么。

拖延的习惯并非一朝一夕养成的，而是在漫长的成长岁月中一点点养成的。幼时的一些拖沓习惯也会造成成年之后的拖延症。幼时做事拖拖拉拉，一件事要父母说很多遍，自己才会去做，甚至父母说好几遍自己都无动于衷，这种习惯必然会强化成年之后的拖延行为。

林妈妈很是苦恼："我简直受不了我女儿了！她是不是有什么毛病啊，干什么事情都是磨磨蹭蹭的，原本半小时就能写完的作业，她磨蹭2小时都写不完，我在旁边看着，真是要抓狂了！"

林妈妈9岁的女儿每天放学回家后，并没有疯跑出去玩，而是乖乖坐在学习桌前，掏出作业本，摆出一副学习的架势。不过没写几个字，就跑去喝水，刚坐下，又叫着要吃东西，不一会儿又开始摆弄橡皮，忙活了半天，作业却没写完。

刚开始林妈妈还会耐心纠正，后来一着急，就开始打骂了。几次三番后，女儿依旧写作业拖拉，林妈妈无奈，只能带着孩子找心理医生咨询。

心理学家认为，人们在幼时所受到的过度溺爱，会导致拖延症。很多人都有这样的经历：在小时候，不管自己做什么事情，都有父母帮忙。在孩子的幼年时期，父母怀着一种爱孩子的心理，总是希望能够给孩子最宽松的环境。在这样的情况下，孩子在幼时通常能够没有压力地生活。在大部分事情都由父母全权操办的情况下，孩子也会越来越依赖父母，在遇到事情的时候，第一时间想到的也是让父母去做。假如非要自己解决，他们就会采用拖拉的方式。

当然，孩子在童年时期的拖拉并不是故意的，而是对要做的事情不熟悉，感到害怕，试图通过拖拉的方式来逃避，像写作业、穿衣服、使用筷子等，都容易让孩子产生抗拒。而且，幼年时期的儿童，不会像成年人一样有很强的时间观念，他们在乎的是能否多玩耍一会儿。由于模糊的时间观念，他们很难明白"今天的事情必须完成，明天还有明天的事情"的道理。

再者，心理学家也指出，幼童不容易控制自己的注意力，吃饭时看见电视，就边吃饭边看电视；做作业时听到外面有动静，就会跑出去看看；本来想去刷牙，结果看见小猫过来了，就会逗逗小猫。这些问题很容易造成孩子做事拖拉。

不过，也有的人天生性格安静，做事缓慢，不管遇到什么事情，就是紧张不起来，做事慢条斯理。眼看时间都快结束了，还是慢吞吞的，急死了身边人，自己却一点也不着急。

在童年时期养成的拖延习惯，成年之后的我们要付出更多努力才能改正这个坏习惯：

1. 规定任务，规定时间

如果对一些比较困难的事情难以着手，可以准备一些简单的任务，规定时间，看在单位时间内自己可以完成多少，督促自己提高效率。在进行此项训练时要下意识地记在心里，然后在自己做事时争取尽快完成，比如，可以先规定1小时写1篇稿子，或2小时做个演示文稿，看自己在规定的时间内到底能完成多少，然后记下来，进行对比，让自己体会到时间的宝贵。

2. 适当留出自由支配的时间

有的人每天工作比较多，因为上司总是会布置一些新的任务，把时间安排得非常满。这时候下属就会看出端倪，只要自己有空，上司就会布置新的任务，所以有些人的对策就是拖延完成任务的时间，在做事时边做边玩，既消遣了自己，又拖延了时间。这种情况下，我们可以适时给自己留出自由支配的时间，事先估计一下完成任务需要多久，其余的时间可以适当休息。

3. 设定奖赏

我们可以为自己设定奖赏，比如给自己安排一个任务，规定在什么时间一定要完成，假如完成了给予什么奖励，否则就给予惩罚。给自己安排任务的时候，记录一下任务的时间是几点到几点。假如任务完成了，就要兑现奖励，比如看一部电影；反之，若没有完成，也要兑现诺言，比如继续做，直到把事情完成。

4. 保持一个好的形象

改掉拖延习惯，需要随时保持一个不拖沓的形象，需要在平时生活中做事有计划、有效率，否则你留给别人的印象就是拖拉的一个人。

5. 给自己制订作息表

我们可以给自己制订作息表，比如早上7点至7点10分起床，穿好衣服，刷牙；7点15分至7点30分吃早餐。将自己一天应该做的事情都规定好，然后努力去完成，不完成给予处罚等，这样就会自动自发去做了。

小贴士

尽管拖延习惯的形成可以追溯到童年时期，但童年时期有什么样的经历并非自己能够选择的,所以也别把形成拖延习惯看成是自己的错。找到拖延根源的目的不是推卸责任,而是马上行动起来。

你今天有拖延行为吗

你是不是属于"晚上睡不着,早上起不来"的类型?晚上刷朋友圈到一两点,还是迟迟不肯睡,早上却一直醒不来,如果闹钟定在6点,那么每隔5分钟响一次,会一直赖床到6点50分才挣扎着起床。

工作时,有些人总会拖到最后一刻。当上司说策划案下周需要,明明今天就可以完成,非得拖到下周的前一天,甚至前一天晚上才急匆匆地赶完。而当上司询问进度的时候,他反而会面露难色:"这个策划案真的很难,我思考了好多天,一点儿头绪都没有……"事实上,他这几天都在忙里偷闲打游戏呢。

如果你身上有这些特质,那么说明你有了拖延行为。

尽管许多人已经意识到自己有拖延的行为,但事实上他们并未确切地知道拖延行为究竟是什么,所以他们才会不断地在拖延与负罪的情绪中挣扎,却怎么也摆脱不了拖延。

什么是拖延行为呢?简单地说,就是非必要、后果有害的推迟行为。

米妮是一个典型的拖延者,她一直梦想着自己写一本小说，每天都在思考着故事框架，在玄幻题材和古装题材之间犹豫不决。思考了半年，她决定写一本玄幻题材，又思考了小半年，写出了一个故事大纲，她当时信心满满，准备写出一本"前无古人，后无来者"的作品。

接下来1年的时间，米妮每天都在忙于各种与写作无关的事情。到了年底，她终于想起被自己搁浅很久的创作，认为是时候开始着手去做了。

于是，她开始看书、搜集资料、寻找灵感。但是她发现，对于创作来说，仅仅一年半载的时间是根本不够用的，那些之前拟写的故事大纲，都因为时间太久而无法想起故事到底讲述的是什么。

结果，3年过去了，她只能拿出不到2千字的故事大纲，曾经的作家梦、美妙的设想都在拖延的影响之下不了了之。

拖延，就是会让人如米妮一样把眼前的事情放置于明天。尽管生活中有一些拖延行为只是表现在细枝末节上，但时间长了，对于个人的发展是非常有害的。事实上，拖延行为已经成为心理学中一个重要的研究课题。

1542年，爱德华·霍尔在书里第一次提到"拖延"这个词，同一时期的中国流传着一首脍炙人口的《明日歌》："明日复明日，明日何其多。我生待明日，万事成蹉跎。""拖延"这个词语先是被翻译为"罪过"，后来才被赋予这样的含义：以推迟的方式逃避执行任务或做决定的一种特质或行为倾向，是一种自我阻碍和功能紊乱行为。

如果拖延只表现为平时做事拖沓或懒得去做，那这只是一种坏习惯，改正它也比较容易。但是当拖延已经影响到情绪，如出现强烈的负罪情绪、内疚、不断自我否定、贬低自我，同时伴随着焦虑症、抑郁症、强迫症等心理疾病，就需要引起重视了。

一个人的拖延是如何形成的呢？比如，一个人认为自己在一周之内能够完成的事情，距离期限还有10天的时候一点也不着急，直到最后剩下3天才开始。尽管从表面上看，这种紧迫感和焦虑往往能激发人的斗志，会让他感到只有在压力下才有做事的状态。当他完成事情后，完成的效果似乎也不差，这就进一步强化了自己最适合在最后期限之前短暂高压的状态下做事的心态，然后强化在这之后的一系列行为，由此渐渐养成拖延的习惯。

那么，拖延心理是怎么产生的呢？

1. 内心的畏难情绪

许多恐惧是我们意想不到的，许多人明明对一些事情充满恐惧却不清楚自己到底在害怕什么，有的人声明自己并不害怕，但他一直在逃避某些事情，这些就是潜在的恐惧心理。有的人越是逃避，越是害怕，为了逃避，只能慢慢拖延，比如，害怕繁重的工作，于是早上不想起来，总有一种畏难情绪。

2. 混乱的作息时间

拖延者的作息时间表通常都是混乱不堪的。他们常常会盲目乐观地估计自己的能力，比如，打算在睡前加班将工作完成，但事实上他们根本不清楚自己是否能顺利完成；拖延者会恐惧确切的时间，比如，总是等到主管催了一次又一次，才交上自己的工作任务；拖延者也没有具体的规划，他们根本不知道自己完成一件事情需要多久，也没办法说出自己的具体计划，他们总是想捍卫自己的自由，逃避时间的控制。

3. 心理矛盾

拖延者行为与心理的矛盾表现为：一方面他们害怕时间不够用，担心没有时间；另一方面他们不到最后一刻决不采取行动，几乎不会提前开始行动。哪怕是提前开始行动，也没办法坚持下去。对于大部分喜欢拖延的人而言，他们的心路历程就是这样。

4. 过分追求完美

有的人喜欢追求完美，当他们在做一件事情的时候，总是犹豫不决，改来改去，临到紧急关头也拿不定主意，无法作出决断。这些问题导致他们对自己应当做的事情一拖再拖。

小贴士

你是否有这样的表现呢：今天的事拖到明天做，6点起床拖到7点再起，上午该打的电话等到下午再打，每天要写的文案拖到最后时刻写，今天要洗的衣服拖到明天再洗，这个月该拜访的朋友拖到下个月再拜访。如果你有这些表现，那么你已经有了拖延的行为，应警惕自己的行为。

人们为什么会有现时偏向型偏好

生活中，总会有很多人遭受拖延症的困扰。一时兴起买了很多做营养粥的食材，却只是用来塞满厨房，从来没做过；买回一大堆书，准备阅读这些经典读物来提升自己，但实际上这些书买回来之后，放在书架上积满了灰尘，从没有拿下来过。虽然如此，我们依然习惯性地购买东西，当时总想象着有一天勤劳的自己能把这些东西用完，把书读完。结果，家里搁置的东西越来越多，丢掉的垃圾越来越多，书越堆越高，但是我们依然没有付出任何行动。

卢燕是一位年轻的妈妈，儿子只有4个月大。由于在哺乳期间，她比较注意自己的饮食结构，好在保姆每天都会把饭菜送到公司，她尚能管住自己。

但是，最近保姆请假了。她不得不每天在外面点餐吃，这时便再也管不住自己，常常在营养餐与快餐之间左右摇摆。本来可以选择鸡汤的，但是她看到了汉堡包，便会自我安慰说："没事，我只是吃一顿，应该没问题的。"就这样，在保姆请假的10天里，她每天选择的饮食都是毫无营养的快餐。

拖延症在很多事情上都有一些特征，比如，拖延者在进行选择的时候，往往会做出当下可以满足自己的决定。大量科学研究表明，人们的选择会根据时间的变化而变化。假如有人问你一周后会干什么，工作还是休息，你往往会选择工作；但要问你现在想干什么，你就有可能会选择休息。

同样的道理，这就是为什么你买了很多东西不用，买了很多书不看，却把宝贵的时间用来看电视、玩游戏、玩手机。很多时候，"现在的选择"和"以后的选择"就像选择休息和工作，假如是"以后的选择"，脑海里沉睡已久的"勤奋"会要求你选择更有益处的选项；而眼前则是"懈怠"占据上风，你往往会选择休息。

人们的这种行为倾向被称为"即时倾向"，即现时偏向型偏好。简而言之，就是现在可以得到的满足感更重要，现在安逸就好了，谁在乎未来会怎么样呢？而且现在想要的东西不一定以后还想要，所以不妨先满足现在的需求。

现时偏向型偏好在人们脑海里根深蒂固，所以即便做了细致的计划，也往往毁于刹那的决定。从年初就说减肥，但到年底还没有任何行动，就连老公也忍不住吐槽：你这腰简直成水桶了。这时你才会痛下决心去做减肥计划，一定要练出马甲线，于是买了电子体重秤，每天称体重，办了健身卡，做好了一切的准备。有一天，当你穿着运动装准备出去跑两圈，突然电话响了，朋友邀约去吃火锅，虽然你嘴上表示拒绝："不行啊，我最近在减肥，不能吃火锅。"身体却很实诚，开始换衣服，然后果断应约，不但吃了火锅，还喝了很多饮料，回到家躺床上后开始内疚："说好的减肥呢？"又忍不住安慰自己，"没事，吃这一顿，也不会长多少，明天多运动一下就回来了。"等到下一次，朋友再发出邀请，自己又不由自主地出门了。由于现时偏向型偏好一直存在，随着时间的推移，偶尔的放纵会成为经常性的行为，不过你始终没有放弃原有的计划，只是把今天的计划推到明天，又从明天推到后天……"明天"成为计划路上的绊脚石，那一天好像永远不会到来，于是当初定下的计划也宣告破产，只能看着镜子里越来越圆的自己唉声叹气。

1999年，有三位著名的专家进行了一项研究。当时，他们召集了一群人，让他们从24部备选电影中选出3部。那24部电影中，包含了《西雅图夜未眠》《窈窕奶爸》等符合大众口味的电影，也有《辛德勒的名单》《钢琴家》这样的经典电影。专家的目的在于观察这些人是喜欢看娱乐但没什么深度的电影，还是选择看有深度有内涵的电影。于是，这些人各自挑选出了自己比较感兴趣的3部电影，专家随即要求他们从中选出一部马上看，再选出一部在2天后看，最后一部电影留在4天后看。

这群人毫无疑问地都选择了《辛德勒的名单》，因为这部电影确实是很经典。但是，最终的结果是有44%的人选择在

第一天看这部有深度的电影。大部分的人在第一天还是选择了《生死时速》《变相怪杰》这样的娱乐电影。而在第二部和第三部电影的选择上，分别有63%和71%的人选择看更有深度的电影。

后来，三位专家又进行了另一项实验。参与者被要求选出3部一口气连续看完的电影。这一次，只有之前人数的1/14选择了《辛德勒的名单》。

人们在做选择时会不由自主地倾向于安逸的事情，这使得人们越来越容易陷入拖延症这个怪圈。工作总是快要下班时才开始做，报告直到最后一刻才慌慌张张地写完，袜子攒了一个星期才准备洗。尽管这些都是生活中很小的事情，人们觉得不应该小题大做，都认为如果是非常重要的事情，自己一定会安排好时间、做好决定的。

但是，等到自己真的做了某项重要的决定，比如学茶艺：为了证明给大家看，次日就去购买茶具，然后每天去上课，回家还要自己研究。而且为了做好，列出详细的时间表，每天需要做的事情都写在上面，时刻不忘提醒自己每天的任务。但是，在购买茶具时，总想看看有没有喜欢的衣服，然后再发个朋友圈，宣布自己的决定；顺便看看朋友圈都更新了什么状态，反正这也花不了几分钟；在上课时，也是低头看手机，根本没认真听老师在讲什么；读书时，才翻开一页，又想起好像一直追的偶像剧更新了，不如先看完再看书吧……

最终，强烈的决心，周密的计划，在拖延症面前简直不堪一击。这当然不是因为决心不够、计划不好，而是在于你根本没找到合适的方式来让自己摆脱拖延症。不妨在下次做决定时，坚持做"以后的选择"，在勤快与懈怠中，坚持选择勤快。

小贴士

摆脱即时选择，最好的方法就是有效地行动，而并非盲目地忙碌。行动本身就是决定，只要做了决定，就应马上去行动。有些人在面对问题时并不是不去做，而是忙忙碌碌地做，先满足当下心理，等做了很久才发现自己一直在瞎忙，结果必然是一事无成。

拖延症的严重后果，你知道吗

英国亨利八世统治时期的一块公告牌上有一句警示世人的话："快！快！快！为了你的生命快速前进！"文字旁边还有一张图，上面画着一个送信的人被吊死在绞刑架上。在那个古老的年代，根本没有邮递业务，信件通常由政府派信差送往，如果信件没有及时送达，信差便会受到绞刑的处罚。

在现代看来，即便路途遥远，也只需要几小时就能把信送到。不过，在那个古老的年代，没有汽车，只有马车，估计得一个月才能走完整个路程。但即便在这样艰苦的条件下，稍有延误，也是犯罪，将受到失去性命的惩罚。所以，拖延带来的后果，有时是非常严重的。

人有各种各样的优缺点，其中便包含一种名为惰性的缺点，这种惰性经常导致计划落空。人在计划落空时又很容易形成新的计划，而新计划其实就是旧计划的翻版。结果就是，一项计划翻来覆去，却总没有结果，这是十分悲哀的事情。想要成就一番事业，必须雷厉风行，要有魄力，说干就干，一点也不拖延。这是成就事业的一种品格。

拖延是一种坏习惯，它会让人在不知不觉中丧失进取心，阻碍计划的实施。一个人如果进入拖延状态，就会像一台受到病毒攻击的电脑，效率极低。拖延最常见的表现就是寻找借口。虽然目标已经确立了，却磨磨蹭蹭，像只生病的羔羊，没有一点精神。不论什么时候，总能找到拖延的理由，计划当然也就一拖再拖，成功总是遥遥无期。

1989年3月24日，埃克森公司的一艘巨型油轮在阿拉斯加州不幸触礁，造成了大量原油泄漏，对当地的生态环境造成了严重的破坏。面对这一状况，埃克森公司竟一直没有作出大家期待的反应，引起了国际社会的反感，导致开展了一场"反埃克森运动"，就连当时的美国总统布什也被惊动了。最后，埃克森公司形象严重受损，损失高达几亿美元。

那么，对于一个人来说，拖延又会带来怎样严重的后果呢？对一个渴望成功的人来说，拖延将成为制约他取得成功的桎梏。在公司没有一个老板喜欢有拖延症的员工，在家里没有一个妻子喜欢有拖延症的丈夫。

拖延甚至会带来致命的后果。恺撒大帝因为没有及时打开别人向自己警示的纸条，从而导致他在到达元老院时没能躲过被人刺杀的命运。朗费罗说："我们命定的目标和道路，不是享乐，也不是受苦，而是行动。"胸有壮志宏图，若不能付诸实践，结果只能是纸上谈兵，毫无实际意义。

事实上，拖延症带来的心理危害也是严重的。

1. 不相信自己

拖延会使自己不能按时完成某项工作，长期如此，你可能会觉得自己有身体方面的疾病，同时也会给内心造成影响，变得不自信，怀疑自己的人生。

2. 精神状态不好

每天的精神状态都比较差，其实身体没病，很多时候干不动活是因为你不想去做。

3. 产生负面情绪

如果你身边的家人朋友说你太懒了，别不爱听，这可能说明你心理上产生了厌倦的情绪，另外，生气、嫉妒、嫌恶等负面情绪都可能由拖延症引起。

4. 无法实现自己的想法

你的拖延，会让自己的事情无法按照自己的意愿去完成，活动总是被拖延，好事总是不能圆满。

5. 变得自我

你不会对所有的事情都拖延，而只是对自己不喜欢的事情拖延。不要认为自己只去做自己喜欢的事情是对的，实际上，一个有担当有责任的人，需要去做自己应该做的事情，只有做好了必要的事情，才能去做自己喜欢的事情。

6. 出现焦虑

因为自己工作和学习的不突出，拖延变成了恐慌，于是开始否定自己、贬低自己，从而产生焦虑，甚至会产生厌世情绪。

小贴士

生活中做什么事情都拖拖拉拉的人，注定只是一个平庸的人。今日事，今日毕。很多时候，拖延并不能真正解决问题，即时行动反而会带给自己一种充实感。你应该反思：曾因拖延浪费了多少时间，失去多少机会，错过多少精彩的生活？

拖延症的具体表现你了解吗

没有时间写工作报告却有时间逛街，没时间看书却有时间玩手机，没有时间给客户打电话却有时间跟男朋友煲电话粥……生活中，总是有很多琐碎的事情让人难以将精力集中到正事上。尽管有人说："拖延是很正常的行为。"不过，拖延也应该有个尺度。若任其发展不加控制，拖延症可以让一个上班族失去工作、让一个学生无法通过毕业考试。

拖延症的表现并不完全是懒惰，尽管拖延者对做正事没有兴趣，但他们乐于打扫卫生、逛街购物，他们只是不愿意坐在电脑面前写工作企划案。当然，他们也会做不愿意做的事情，因为他们可以从中减轻一些压力。

拖延症，一种病态的拖延行为，已经成为现代人的通病。现代社会是一个自己不断制造内容同时不断浏览评论别人制造的内容的网络时代，人们在微信、网页、微博之间快速切换，慢慢迷失了自我。每个人同时做很多事情，在这个过程中却不停地被干扰，然后又不得不无休止地解决这些干扰。所以，一件本来可以在短时间内完成的事情就这样一直在拖沓中浪费了很多时间。

如果你一连几个月在每天结束前记录自己的工作时长，你就会发现一个惊人的事实：想象中的工作量比现实中的大。或许你估计自己每个星期平均须工作36小时，但实际记录上只有约23小时。

王大爷是一位农夫，早上起来他告诉妻子自己要去耕田。当他走到田间的时候，却发现牛还没吃草，于是他便背着背篓上山，准备给牛割草，但走到庄稼地里时，却发现地里草很茂盛，把菜都淹没了，他才想起上周就打算来除草。于是，他又开始为庄稼地除草，这时他想起牛还被拴在田埂边，于是他又扔下镰刀和背篓，赶紧把牛牵回牛棚……而这时已经是中午了，妻子煮好了饭等他回家吃。他一边吃饭，一边思考着：我下午到底去干什么活儿呢？

王大爷忙忙碌碌一上午，结果田没耕好、牛也没喂、草也没割，到了晌午什么也没做成。王大爷的故事体现了一种拖延心理：可能在某些时候，人们不是在逃避问题，而是分散了注意力。当他们做这件事时，总会盯着那件事，他们看起来总是很忙，但最后也只能像王大爷一样，忙忙碌碌半天，结果一件事也没完成。

有一个有趣的现象：那些工作时间多的人并不一定工作能力强。真实情况往往相反。虽然他们经常坐在电脑前，但工作并没有太大进展，他们会在一开始就很乐观地想象已经完成的事情：办公桌打扫干净了，垃圾桶也清理了。然后他们就开始为自己的拖延寻找借口：对下一步的工作感到恐惧。

当然，一个人在拖延过程中还是会有意识或无意识地进行思想斗争，挣扎着到底是去做还是休息，这或许是为了保护自我价值观不被损害。比如，对于颇有难度的工作，如果花3天时间去完成，那可能效果会不尽如人意，如果花一周时间去完成，结果可能不会太糟，但用时太长。

杨珊生活中有拖拖拉拉的习惯，在工作压力下，她一下班回家就马上躺倒在沙发上，明明决定要做的事情不去做，反而拿起手机翻看朋友圈，最后到了睡觉时间了，才发现下班后什么事情都没有做成。

如果问她为什么做事拖拉，杨珊一定会回答："事情太多了，生活和工作的压力太大了。"

现代社会竞争激烈，一个人不想被这个社会淘汰，就要给自己制订一个比较高的标准，这样才能应对繁复的工作和生活带来的压力。而实际情况是，当一个接一个的问题出现时，人们就会下意识地选择逃避，就会不自觉地拖延。

拖延者通常存在这样的心理：自卑，由于每次完成任务都达不到自己最高的预期，对自我能力的评估会越来越低；个性顽固，旁边的人催促也没有用，自己准备好了自然就会开始做；不自觉地控制别人，旁人再着急也没用，所有事都要等自己到了才能开始；对抗压力，因为每天压力很大，所以要做的事情一直被拖着；受害者心理，不知道为什么自己会这样，别人能做的自己却做不到。

那么，拖延症有什么具体表现呢？

1. 拖延已成为生活的方式

很多人认为自己是长期拖沓的人，对他们而言，拖延已成为生活的方式，尽管不愿如此，但这种状态充斥着日常生活。不能按时上班，不能好好工作，直到最后时刻才努力加班。他们并没有把拖延现象当成非常严重的问题。

2. 自我欺骗

有拖延症的人容易对自己撒谎，比如"我更想明年做这件事"，或者"有压力我才能做好这件事"，但事实并非如此。拖延者经常误以为时间压力会让他们更有创造力，实际上这只是他们的错觉而已，他们不过是在浪费时间。

3. 喜欢消遣

有拖延症的人会不停地找消遣的事情，尤其是自己不需要承诺什么的事。比如看电视、玩游戏、玩手机等，这样的事情是他们调节情绪的一个主要途径。

小贴士

拖延会改变一个人的行为。想要摆脱拖延症，绝不是一个念头就可以马上改变的，关键需要靠自己下定摆脱拖沓的决心，这需要很强的自我控制力才可以完成。

你可以这样检测自己是否有拖延症

在生活中,每个人或多或少都有拖延的倾向。区别在于,有的拖延情况相对而言轻微一些,有的拖延情况则非常严重。那么,你是属于轻微拖延呢,还是重度拖延者?不妨先测试一下自己的拖延程度吧。

(1)面对领导交代的任务,总是拖到最后一刻才完成。

(2)很想自律,总是给自己设置一个开始时间,幻想从那以后就能戒掉拖延,但总是坚持不了几天。

(3)朋友中有比自己还拖延的人,在心里曾暗自庆幸,原来自己还不算太严重。

(4)朋友中已经没有比自己更拖延的人了,自己都快受不了自己了。

(5)有时对自己很无奈、很抓狂,却又不知为什么自己会变得这般拖沓。

(6)连出门约会都会迟到,还曾为此错过很好的人或朋友、客户。

(7)每次拖到最后不得不完成任务的时候,发现其实事情没有那么难,花的时间也并不多,不明白为什么自己之前就是拖着不做。

（8）常幻想自己能熬夜完成任务，越到最后关头这种幻想越强烈。

（9）觉得拖延已经严重影响了自己的人生，阻碍了自己获得本来应该得到的成功。

（10）幻想着有朝一日，能够有一剂万能灵药，让自己一下子摆脱拖延。

在上面这10个问题中，假如你中招8~10条，那么你已经成为重度拖延者；假如你中招4~7条，那么你是中度拖延者；假如你只是中招1~3条，那么你只是有轻微的拖延症；假如上述问题，你一条都没有中招，那么恭喜你，你是一个从不拖延、自律性极强的人，或者说你已经完全摆脱了拖延症。

小贴士

有一个有趣的计算，0.99的365次方约等于0.0255，而1.01的365次方约等于37.7834。每天少做一些事情跟每天多做一点事，还是存在明显的区别的。在大多数时候，我们总是拖拉着不去做自己应该做的事情，拖延，再拖延，然后就直接不做了。这是非常不利于自己身心健康的行为，同时也会给自己的人际、生活、工作带来诸多困扰。

第3章

自我控制，别让惰性偷走你的时间

懒惰是一种心理上的厌倦情绪，人们常常误以为懒惰的生活是安逸，是休息，是福气，然而实际上那是无聊、倦怠、消沉。懒惰会消减人们对未来的希望，隔断彼此之间的情感，让一个人内心狭隘、怀疑人生。要想改变拖延，需要先打败惰性。

懒惰习惯的形成过程

对于懒惰，人们并不陌生。平时生活中，我们经常听人说："我当然知道如何去做可以实现自己的目标，不过不管怎么提醒自己，就是做不到，因为太懒了。""每天计划跑步一公里，但是坚持了三天就没跑了。""下班后只想窝在沙发里，什么也不想干。"懒惰是一个被经常使用的贬义词，关乎一个人性格品质的判断。因为懒惰，人们不去做自己想做的事情，最后只能成为平庸的人。

你是如何养成懒惰习惯的？梦想搁浅了吗？曾经的激情也退却了吗？不知道从什么时候开始，我们不自觉地陷入一种"懒惰"的心理旋涡，明明知道自己很懒，却无法改善这种情况。吃饭点外卖，买东西逛淘宝，"懒细胞"渐渐扩散到全身，能不出门就不出门，能坐着绝不站着，能躺着绝不坐着。

懒惰在人们身上通常表现为：不能愉快地同亲人或他人交谈，尽管你很希望这样做；不能从事自己喜爱做的事，不爱运动，心情也总是不愉快；整天苦思冥想而对周围漠不关心；由于焦虑而不能入睡，睡眠质量不好；日常生活及其起居极无秩序、无要求，不讲卫生；常常迟到；不能专心听别人讲话；不知道生活的目的，不能主动地思考问题；没有时间观念，事情总是想着明天做；明明没做什么事情却总是觉得身心疲惫，打不起精神。

那么，懒惰的根源是什么呢？

1. 惧怕失败

许多人通过自己的方式来推迟对目标的追求，比如找一份更好的工作。他们对自己缺乏信心，担心即便自己去尝试了，也会因能力不足而无法胜任，这样对自己而言是非常难受的，所以犹豫半天后，觉得不去尝试是更好的选择。

2. 担忧成功

许多人下意识有害怕成功的心理，认为如果自己成功，会潜在地威胁到身边人。所以，为了避免冲突，他们会选择不继续努力。

3. 过分依赖

他们渴望被照顾，过度依赖身边人。在很多事情上，他们表现得很无助，这样就会有人过来帮忙做事。这样的过分依赖，会使身边那些感到被胁迫的人或同样想要被照顾的人感到厌烦。

4. 对自己期望较低

尽管别人对懒惰者期望很高，但他为自己定的标准太低。他没有制订计划的习惯，这样就会有人来为他制订计划，他可以趁机表现自己，同时避免承诺，为他制订计划的人则需要担责。这样的人容易让身边的人遭受指责，自己却免于责任。

5. 担心冲突

人们在潜意识里担心冲突，担心直接表达自己的情绪会伤害与他人之间的关系，甚至造成决裂。人们为了避免冲突，往往会把自己的不满意隐藏起来，于是便选择懒惰的方式沟通，而这种懈怠的方式通常会令人感到厌烦。

6. 需要放松

大多数人认为自己应该全速前进，但当身体和大脑停止运转以示抗议时便使自己变得"懒惰"。尽管人生需要拼搏，但事实上每个人都需要时间放松和休息。

7. 轻微抑郁

抑郁表现为兴趣丧失、疲惫、快感缺失等。有些人以为是自己变"懒"了，但实际上他们可能是抑郁了而自己没发现，因而未得到及时治疗。抑郁的人通常感到疲倦。他们对于自己变懒的不满可能加剧他们的抑郁。对自己的懒惰的厌恶在抑郁人群中较为普遍。

小贴士

假如你比较懒惰，请试着将行为当成问题的症状而非问题本身。找准懒惰的根源，就能有效帮助自己摆脱懒惰。别因为自己是"懒人"而感到很受挫，重要的是找出潜在的原因，这样才能彻底改变懒惰的习惯。

犹太人的"第克替特时间"

行动的天敌常常是人们的拖延，而能够停止拖延的最好办法就是马上付诸行动。我们做任何事情都要尽自己最大的努力，别把今天的事留给明天。做事情时绝不拖延，今天的事情今天做，时刻谨记"今日事，今日毕"；保持较强的时间观念，绝不拖延时间，也不浪费时间，致力于把每一件事做好。

在犹太国家，不管你走进哪一个成功人士的办公室，你都会发现一个很大的特点：办公桌上从来没有尚未处理的文件。

一直以来，闻名世界的犹太人就有很强的时间观念，他们觉得浪费时间是非常可耻的。今天的事情一定要今天完成，明天还有明天的事情，绝对不会把今天的事情拖到明天，当然，把昨天的文件积压到今天也是非常不对的。

对犹太人而言，珍惜每一分钟的时间，然后去衡量它的价值，是十分重要的，所以他们养成了良好的工作习惯，文件从来都是当场签批。如果办公桌上堆着很多需要处理的文件，而刚好里面有一些是十分重要的文件，如果未能及时处理，将会对工作、公司造成很大的影响，这简直是没有必要的麻烦。

一位著名的犹太商人这样说："对于商人而言，办公桌的文件大部分都是有业务往来的信件、商业密函等，里面的内容都是一些很重要的商业信息，有的可能是希望有业务往来，有的可能说商品交易。每一个文件都是一条有价值的商业信息，很有可能成为商人扩大业务的机会。那么多未处理的文件堆压在办公桌上，哪怕有一条需要马上回复的信息，等到第二天再处理，已经为时已晚。毕竟每个人的时间都是很珍贵的，客户若迟迟没有收到回复消息，也许会选择放弃，另外选择业务伙伴。假如真的是这样，对商人而言将是莫大的损失。"

犹太人对这一点的意识非常强烈，所以，每一个犹太人对自己手中的文件都是非常重视的。犹太人在上班时间里，专门安排了处理商务文件的时间。一般而言，在上班后的大约一小时内，犹太人称为"第克替特时间"，就是处理文件时间。他们在这段时间里会阅读前一天下班至今天上班之间所接到的商业文件，并逐一回信，然后让秘书及时发出去。

在"第克替特时间"内，犹太人总是全神贯注地处理文件，追求高质量高效率的工作，他们通常会谢绝一切的打扰。假如有人到访，势必会影响阅读文件的速度和效率。

在犹太人之间，通常会说这样一句话："现在是第克替特时间。"这句话,在犹太人的话语里,被公认为即"谢绝会客"的意思。

犹太人用"第克替特时间"来处理文件,这样能够做到高效率地办事。犹太人一般把"马上解决"这句话作为自己的座右铭,所以他们特别注重办事的效率和时间。如果他们有事情,就马上去找解决的办法,而不是一拖再拖。他们极其重视时间观念,所以,在他们看来,拖延昨天的工作到今天是最可耻的事情。他们力求今天的事情今天就能够完成,而不是拖到明天。

《塔木德》中写道:"金钱能够储蓄,而时间不能储蓄。金钱可以从别人那里借,而时间不能借。人生这个银行里还剩下多少时间也无从知道。因此,时间更重要。"犹太人觉得,在时间和金钱这两项资产中,时间显得更为重要。

那么,我们能从犹太人的"第克替特时间"里获得哪些启示呢?

1.时间是宝贵的

只有时间才是最宝贵的,犹太人认为,当你认识到时间的宝贵的那一刻,你也会变得富有。时间观念极强的犹太人无论是在生活中还是在工作中,都极为珍惜时间,所以他们做事情的原则就是今天能完成的事情绝对不会拖到明天。

2.不懈地努力

哈同在做门卫的时候,晚上还会用自己休息的时间阅读一些经济类的书；而洛克菲勒更是愿意一天工作48小时，来达到自己理想中的工作量。他们都会在别人休息的时候努力地学习、工作，所以他们总能比别人多一些成功的机会。

小贴士

对于认定是今天必须要完成的事情，竭尽全力地去完成它，哪怕别人已经下班了，也要坚持把事情做完再下班。这能帮助我们养成做事严谨、珍惜时间的习惯，也是我们获得成功的一个重要条件。

曾国藩的"五勤"是什么

有人给懒惰者下定义：把不愉快或成为负担的事情抛诸脑后，或许推迟做。如果你是一个懒惰的人，那生活中的你大部分都在虚度光阴，无所事事。即便去做一件事情，也是担心这个担心那个，或者找借口推迟行动，乃至错失了机会和灵感，到了最后却抱怨上天的不公平。"天道酬勤"，我们要学会克制自己内心的惰性，当自己想偷懒的时候，鼓励自己再坚持一下，这样我们才能如期完成目标。

懒惰不仅是成功的天敌，还是我们不良情绪的源头。在充满困难与挫折的人生道路上，懒惰的人过着极为单调的生活，在他们的生活里，只习惯于"等""靠""要"，从来不想发现、拼搏、创造，最终他们不仅错过了多姿多彩的生活，而且将一事无成。

曾国藩不是最聪明的，但一定是最勤奋的，一个读书要一字一字咀嚼的人，其勤可见一斑。曾国藩有"五勤"：

一曰身勤。就是以身作则，身体力行。曾国潘负责军务时，每日早起，不管前一天睡得多晚，第二天总能按时早起，督军练兵，办理政务。

二曰眼勤。李鸿章曾带三个人让曾国藩委以官职，曾国藩对李鸿章说，刚才我散步，第一个不敢直视我，可见他是一个敦厚的人，可以帮办后勤；第二个貌似恭敬而实傲慢，不可委以重任；第三个直立正视，目光坚定，可以委以大任。而这第三个人不是别人，正是刘铭传。

三曰手勤。其实并不是真的动手，而是养成好习惯。曾国藩有三个好习惯，第一个是慎独、反省；第二个是读书，曾国藩将书籍分为熟读书和应读书，为了使自己不落后于潮流，曾国藩可以说是嗜书如命；第三个就是写家书，曾国藩最多时一年写了235封家书。

四曰口勤。口勤主要是指处理与上级、同僚及下级关系时，要主动沟通，善于化解矛盾。曾国藩与骆秉章关系不和睦，骆秉章几次怠慢曾国藩，但曾国藩不与他作口舌之争，而是积极化解矛盾，出山时还特意登门拜访骆秉章，让骆秉章大为感动，表示以后曾国藩若有事，他定将全力以赴支持。

五曰心勤。即有坚强的意志品质。曾国藩屡败屡战，正体现了一种坚强不屈的品质。

中国有句古话："一屋不扫，何以扫天下？"若我们不能勤勉地工作，又怎能为日后的成功打下基础呢？那些"一屋不扫"的懒惰者，最终会被埋葬在一屋子的灰尘中，再也发不出闪亮的光芒。

巴菲特是一个勤勉的人，在他童年的时候，他的追求是成为一个勤勉刻苦的报童。他曾一度每天要走5条路线递送500份报纸，主要是投送给公寓大楼内的住户。小巴菲特通常下午5点20分出发，坐上开往马萨诸塞大街的公共汽车。有几次，巴菲特生病了，母亲不得不代替他去送报纸。母亲说："取报纸、送报纸对他来讲真是太重要了，任何人都不敢碰他放钱的抽屉，一个硬币都不能动他的。"当成年的巴菲特再次回忆自己送报纸的经历时，他这样说："如果当年我不能成为一个勤勉的报童，那又怎么会成为最成功的投资家呢？"

那么，我们又有什么启示呢？

1. 勤勉是成功之本

如果你很懒惰，就什么也得不到；如果你是个勤奋的人，就能够得到奖赏。正确的观念，会让我们在成长的路途中更懂得怎样认真地去做每一件事。

2. 成事在勤，谋事忌惰

韩愈曾说："业精于勤荒于嬉，行成于思毁于随。"一个人要想成就一番事业，一定要守住"勤"字，忌掉"惰"字。面对你的生活或者事业，你用什么样的态度来付出，就会得到相应的回报。如果你以勤付出，回报你的也必将是丰厚的硕果。相反，那些懒惰的人，生活是不会赐予他任何东西的。

小贴士

懒惰的人是思想上的巨人,行动上的矮子。如果你懒惰地面对你的人生,那么就等同于将自己的生命一点点送入虚无。一个成功的人,是不会让懒惰有任何露头的机会的。

懒惰不会获得永远的安逸

懒惰是借口的来源。在生活中,人们通常会说:"这不是我的原因,是因为他没有做好。""不是我不想学习,是因为我起床晚了一些。""不是我工作不努力,是因为主管看不上我。"这些语言听起来是否十分熟悉呢?是的,因为我们自己也经常说这样的话、寻找这样的借口来掩饰自己的懒惰。

懒惰的人总是不断为自己寻找借口,但借口往往不会帮助你,只会害了你,你所寻找的借口越多,就会变得越来越懒惰。只动脑想借口而不愿意去做事情,然后把错误归咎于别人,每次都从别人身上找原因,而不是寻找自身的原因,这样会使自己丧失前进的机会。

罗马人一直信奉两个真理:勤奋与功绩。这两个真理被认为是罗马人征服世界的奥秘。在当时,罗马人最重视的就是农业,哪怕一个刚刚从战场上凯旋的将军,也不可避免地要走向田间劳作。正是由于罗马人的不懈努力和勤奋,才使得古罗马越来越强大。

然而,当人们拥有的财富和奴隶渐渐增加的时候,罗马人觉得劳动好像变得不那么重要了。于是，整个国家开始走向衰败，一个曾经代表西方文明的古罗马就这样消失了。

古罗马皇帝在临终时给罗马人留下这样一句遗言："懒惰是一种借口，勤奋工作吧！"

懒惰会让一个人的心灵变得灰暗，也会让他对勤奋的人产生嫉妒。一个懒惰的人总是寻找借口，看到别人获得了财富，他会说："他只是比较幸运而已。"看到别人比自己更有才智，他会说："因为我的天分不如别人。"这样处处为自己寻找借口的人是难以获得成功的。

1872年，只有24岁的哈同一个人来到中国上海谋生。尽管他看起来是一个年轻能干的小伙子，但事实上他穷得连一件像样的衣服都没有。当时，他没有任何积蓄，没上过学，也不懂得任何技术，但是他渴望在上海立足，决心通过自己的努力去挣钱。

哈同利用个子高的优势在一家洋行谋得了一份看门的生计。尽管很多人看不起这份工作，不过哈同觉得没什么，自己也是通过工作挣钱，这是正当的工作。他希望以这份工作为起点，通过自己的不懈努力，积蓄能力，以后总会找到更好的工作。

哈同平时工作十分认真，尽职尽责。晚上休息的时候，他就会埋头苦读一些经济和财务的书籍，以此来提升自己。由于忠于职守的态度，他深得老板的喜欢，又因为善于学习东西，让老板觉得他是一个可造之材。于是，老板把哈同调到了业务部门当办事员。

哈同继续努力工作，每天都在为如何做好工作而思考。在这样的努力下，他的业绩越来越出色，慢慢被提升为业务员、经理。这时候，他的工资已经增加了许多，不过，心怀大志的他并不因此而感到满足，他想拥有自己的企业。

1901年，积累了资本和能力的哈同离职，开始独立运营商行，并命名为"哈同商行"，主要以经营洋货买卖为主。当时，他以敏锐的眼光发现在中国上海能够互相对比的竞争品并不太多，这样消费者就不能货比三家。所以，通过市场，哈同获得了高额的利润，哈同商行也越做越大。

哈同能够从一名看门工做到商行的老板，体现了犹太人的勤恳智慧。看门，可能是大多数人都瞧不起的活，很多人是不愿意干的，他们觉得自己相貌堂堂，年轻高大，怎能屈于当看门员。可是哈同不这么认为，他认为这是他成功的一个起点。我们仔细观察哈同的工作历程，不难发现他成功的秘诀，那就是"脚踏实地，循序渐进"。他对自己的每一份工作都勤勤勉勉，忠于职守，并不急于求成，而是循序渐进地做下去，慢慢登上成功的宝座。

1. 懒惰是借口的来源

如果我们不想再为自己找借口，那就必须让自己变得勤奋起来。生活给我们每个人都提供了进步的平台，谁跑得快，谁就能第一个站在领奖台上接受鲜花和掌声。假如你跑得慢，就只能在后面忍受别人的讥讽。

2. 越勤奋越自信

一个永远勤奋而且乐于主动工作的人，将会得到老板甚至每个人的赞许和器重，同时，他还为自己赢得了一份重要的礼物——自信。

小贴士

假如你跑得慢，就需要比别人更勤奋一些。懒惰是一种习惯，勤奋也是一种习惯，既然都是一种习惯，为什么不把自己变得勤奋一些呢？有意识地克服懒惰，时间长了，我们就会变得勤奋起来，而不再为自己的懒惰寻找借口了，成功之手也会向我们伸过来。

第3章 自我控制，别让惰性偷走你的时间

"没时间"是懒惰者的口头禅

日本女作家吉本芭娜娜出版了几十本小说和随笔集，《鲤》杂志曾采访过她："许多女人生了孩子之后就没有闲暇时间了，您现在有了孩子，如何抽出时间来写作呢？"吉本芭娜娜说："确实没什么时间，但是我一直在拼命。为了争取多一点的写作时间，每天我都在与时间赛跑，最夸张的时候，你能想象吗，我几乎是站着吃饭。"估计许多年轻人看到这里会感到羞愧吧，比起吉本芭娜娜，许多人总是感慨自己时间不够、事情做不完，却从来不去利用那些零碎的时间。

洛克菲勒是一位对工作异常勤奋的人。一天24小时，他的工作时间一般都在十五六个小时，超过了一天的大半时间。而有的时候，他甚至可以一天工作十八九个小时。有人给他计算，他的一生中平均每周工作76小时，只休息很短的时间，经常是别人已经下班了，他还在勤奋地工作。他常常对别人说："如果你什么都不想干，那一天工作8小时就可以了，可是如果你想干点什么，那么当别人下班的时候，正是你工作的时候。"

别人问他："你怎么能一天工作20小时？"他却说："一

天工作20小时怎么可以，我需要一天工作48小时。"当人们看到他的时候，他总是在不停地忙工作。于是，凡是认识他的人都说洛克菲勒只有睡觉和吃饭的时候不谈工作，其余时间他都是泡在工作里。这位世界级的大富翁就是这样紧张而勤奋地工作的，所以他才取得了举世瞩目的成就。

从来不说时间不够，保持勤勉的态度，是洛克菲勒的成功秘诀。洛克菲勒之所以能够获得成功，就在于他始终如一地保持勤勉的态度，从来不以忙和没时间作为借口。他的勤勉已经成了顽强的奋斗，在他的眼里，一天24小时都已经不够用了，他希望能在一天内工作更长的时间。犹太人认为，只有勤勉的人才能够尝到胜利的果实，只有勤勉的人才能够得到命运的眷顾。洛克菲勒用自己的实际行动证明了这样一个道理：如果你是一个做事勤勉的人，那么成功就已经离你不远了。

人们对于自己的未来总会有很多规划，而当他们未能完成时总是推诿："我最近太忙，根本没有时间。"试问如果你想有所获得，有所成就，做哪一件事不会耗费时间呢？我们经常看到的卓越人才，举手投足都很优雅，且写得一手好字，当你在羡慕对方的时候，是否想起对方为了培养仪态、练字而一个人度过了多少沉默时光呢？

1. 没时间，是因为你浪费了时间

忙和没时间是最烂的借口，因为每个人的时间都是公平的，你之所以会抱怨没时间，不过是因为你在其他事情上浪费了时间。

2. 勤奋是质变的过程

财经作家吴晓波说:"每一件与众不同的绝世好东西,其实都是以无比寂寞的勤奋为前提的,要么是血,要么是汗,要么就是大把大把的曼妙青春好时光。"如果我们倾力付出自己的努力,那么早晚会从量变到质变。你现在走的每一个脚印,都会成为将来实现人生飞跃的跳板。

小贴士

人们总会定下许多计划,如看书、运动、旅行等,却又常常因没有时间而不得不放弃。难道你的生活真的有那么忙吗?真相到底如何,每个人自己心知肚明,别总以忙和没时间当借口,那不过是在为自己的懒惰找理由而已。你若坚持努力,就一定会发光,因为时间是所向披靡的武器,能聚沙成塔,将人生一切的不可能都变成可能。

第4章

切断干扰源，让自己处于专注高效的环境中

拖延症会受到某些环境因素的影响，一个人的拖延行为与完成任务所受的时间压力和来自外界的娱乐诱惑有关。人们往往难以抵制外界的干扰，特别是一些诱惑，因而导致了拖延行为。

专注于让你感兴趣的事

　　每个人都有自己的兴趣，做自己喜欢做的事情，是每一个人的梦想；同样，按照自己的兴趣爱好去做，最终也会得到一个很好的结果。其实，每个人都是一块金子，一个尚待挖掘的宝藏，就看你是否具有一双慧眼，是否勤奋，能够发现、挖掘出自己的价值，让自己的人生耀眼夺目、与众不同。

　　上天赋予每个人不同的个性，也给了每个人不同的兴趣爱好，可是有些人偏偏忽略了这一点，盲目地跟风、无目的地效仿。看到别人成为钢琴家，自己也盲目地学钢琴，看到别人在画画上有所造诣，自己也去跟风，结果什么都是半途而废，最终都以失败而告终。

　　《罗密欧与朱丽叶》的剧情让无数人动容，他们那缠绵悱恻的爱情故事让无数读者如痴如醉、潸然泪下。至今回首这部名作，我们还会为莎士比亚的文字叫好、称赞。莎士比亚是英国伟大的戏剧家和诗人，他用自己毕生的精力为人类留下了37部戏剧，其中至少有15部被公认为世界文学史上的瑰宝。

　　翻开莎士比亚的人生史册，我们会发现，在他的人生中也出现过抉择，他也是在不断地挖掘自己的兴趣与价值中成长的。

第4章 切断干扰源，让自己处于专注高效的环境中

莎士比亚出生在英格兰中部美丽的埃文河畔，7岁时开始自己的读书生涯。在校期间，他并不喜欢古板的祈祷文，而偏爱一些古罗马作家用拉丁文写的历史故事。尤其到了每年的五月，更是他一生中最快乐的日子，因为这时都会有戏班子的演出，他每场演出必到，戏剧班子走到哪里，他就跟到哪里，如痴如醉地观看着每一场精彩的演出，直到戏班离开斯特拉福镇为止。

14岁时，莎士比亚离开了学校，开始了他的谋生之路。他到父亲的铺子里做过帮工，在码头做过搬运工，替人家当过导购……但他发现这些都不是自己的兴趣所在，唯独有一次，他意外地在一家剧院找到一份工作，虽然工作很琐碎、普通，主要是替客人看管衣帽，照料有钱的观众上下马车，还有在后台打杂，但这是他梦寐以求的地方。从此，莎士比亚可以真正地接近戏剧了。一有空闲，他就躲在后台静静地观看演员们的排练。这里成了他的戏剧学校，孕育了这位名垂青史的戏剧大师。

1592年的新年，对于莎士比亚来说是个难忘的日子，他的剧本《亨利六世》在伦敦最大的三家剧场之一——玫瑰剧场上演，莎士比亚的名气一炮打响了。很快，《理查三世》《威尼斯商人》《哈姆雷特》《奥赛罗》《李尔王》相继上演。悲剧《哈姆雷特》的轰动效应，更使莎士比亚登上了艺术的顶峰。

可以说，莎士比亚是在寻找兴趣、延续兴趣，并且发展自己的兴趣中成长的，他一生都在为自己的兴趣而努力，一生都在为兴趣而拼搏，最终成就了自己的梦想，达到了自己人生的辉煌。

从心理学的角度来说，当一个人在做与自己兴趣有关的事情，从事自己所喜爱的职业时，他的心情是愉悦的，态度是积极的，而且他很有可能在自己感兴趣的领域里发挥最大的才能，创造出最佳的成绩。莎士比亚不就是一个成功的例子吗？

所以，千万不要逼迫自己去做不喜欢的事，把握好自己的兴趣，在该做出选择时不要犹豫，将你的精力消耗在你喜欢的事情上，这样你不仅会拥有很大的动力，也会爱上你所做的事。

1. 找到感兴趣的事情

有一些人缺乏发掘能力，他们不知道自己的兴趣究竟是什么，自惭形秽、妄自菲薄，认为自己天生就是庸才，注定一生都要碌碌无为。其实，这些人真正的问题在于没有找到自己的兴趣所在，没有很好地挖掘自身潜力，过于盲从、过于武断地误判了自己的价值。

2. 感兴趣的事情，态度更积极

不可否认，一个人在事业上取得的成就大小与兴趣是有很大关系的。如果你做自己一直喜欢做的事，你的内心便会充满愉悦与快乐。因为做自己喜欢的事才是幸福的，这样的幸福不用你作任何思想斗争，不用你去考虑任何不必要的琐碎事情，同时，它也不是你刻意追求的结果，因为它是自然而然的，与做事的过程相伴而生的。

小贴士

因为喜欢，你会感觉前方水阔天高；因为喜欢，你会感到浑身充满动力；因为喜欢，你会尽情地享受自由与快乐。也正因为这样，你在做事时才会觉得得心应手，顺理成章，事半功倍。

心理拖延症

你每天有多少时间被打扰了

你每天有多少时间被打扰了？日本专业的统计数据指出："人们通常每8分钟会受到一次打扰，每小时大约7次，或者说每天50~60次。平均每次被打扰大约5分钟，每天总共约4小时，也就是约50%的工作时间（按每日工作8小时计算），其中80%（约3小时）的打扰是没有意义或者价值极小的。同时，人被打扰后重拾起原来的思路平均需要3分钟，每天总共约2.5小时。根据以上的统计数据可以发现，每天因打扰而产生的时间损失约为5.5小时，按8小时工作制算，这占了工作时间的68.75%。"

时间都去哪儿了？可以说："打扰是第一时间大盗。"如果要做一个时间管理者，每天至少需要有半小时至一小时的"不被干扰"时间。如果你可以有一小时完全不受任何人干扰，把自己关在自己的空间里思考或者工作，这一小时的工作量往往能够抵过你在单位时一天的工作量，甚至，有时这一小时比三天的工作效率还要高。

25岁的王小姐当文员已经6年了，进这家公司也有3年了，半年前来到现在所在的销售部。这个部门一共有20多名工作人员，男女人数相当，销售员全是男性，行政人员是清一色的女性。

王小姐平时上白班，每天工作8小时，一周工作5天。由于有早晚班之分，她通常都是中午12点和傍晚6点两个时间点下班。王小姐的爱好比较广泛，唱歌、看电影、插花。而下班后，她习惯回家吃饭、看书、上网、陪家人，偶尔也跟同事吃饭、唱歌。

与王小姐同公司的同事则喜欢下班后聚在一起打麻将，一般都有固定的几个牌友。"3个月前的一天，她们三缺一，我看实在找不到人，就跟她们打了一次。"王小姐说，她其实比较讨厌打牌，也不怎么会打，"没想到有了第一次后，她们每次打牌都要喊我。"

渐渐地，一遇到同事下班约她打牌，王小姐心里就五味杂陈，本来就不太会拒绝人的她也曾说过"不想去"，但在同事的软磨硬泡下，每次到最后都被迫陪打。同事们"游说"的那些话，王小姐随口就能背出几句："哎呀，就是几个同事要一会儿，就当是混时间。""去嘛，你看我们三缺一，心里好受啊？"

于是，3个月下来，王小姐每个月要被迫陪同事打三四次麻将。本来就不太会打牌的她"很受伤"——基本上每次打牌都会输掉100元以上。9月份还没完，就已经打了3次，输了600多元了！前天，同事又与她约好了下一场牌局，对此，王小姐表示很无奈。

对王小姐而言，下班被迫打麻将给她带来的困扰远不止输钱那么简单。王小姐说："本来这个月，我要参加公司举办的一个征文比赛，就是因为她们老是约我打牌，最后我错过了交稿时间。"平时下班后就去打麻将，回到家都深夜12点了，洗漱完就凌晨1点多了，想到第二天还要去上班，根本就找不到写文章的状态。

尽管是被迫打牌，王小姐也怕自己上瘾，因此心理压力一直比较大，她说："打牌的那段时间，每天晚上睡觉都梦见自己打牌，弄得自己的精神状态很差。"

案例中王小姐的休息时间被打扰了，严重影响了生活和工作。对她而言，首先，要学会自我调适、自我放松，通过各种方法宣泄自己压抑的情绪；其次，要制订与自己能力成比例、一致的目标，明确生活与工作的界限；再次，要妥善处理人际关系，正确认识周围朋友，分清工作上的朋友、生活中的朋友；最后，要尊重自己的兴趣爱好，增强抗干扰能力，安排不被干扰的时间。

生活中总有这样的情况：有一件事一直想去做，却过了很久才想起来，且到现在还没做。每天总是被各种事情占据了时间。让我们尝试一下不被打扰的时间吧。每天给自己设置一个固定时间段，在这个时间段里，只去处理你最想去做的那件事情，关掉手机。

1. 找到躲避的地方

许多办公室是靠一些隔断划分出每个人的工作区域，这样的设置方法既可以保持员工之间的距离，又不影响沟通。不过，我们依旧需要给自己安排一些不被打扰的时间。如果在某项工作上遭遇挫折，不妨找一个僻静的地方，往往会有意想不到的收获，比如楼道、楼顶、空的办公室等，这些地方能够让我们独自思考，很少会有人打扰到自己。

2. 断掉通信

当你的注意力完全集中在当前的工作时，只有很少的几件事可以干扰到你，那就是手机来电、日程提醒、有人找你等。假如你打算在工作时给自己一个安静的时间段去认真地规划手头工作，那不妨把手机调成静音，在特定的时间统一回电；关闭各类软件客户端，每天固定几小时去接收或回复信息；挑选一个被打扰概率最低的时间段。

3. 偶尔听一听轻音乐

当你在写程序、编辑视频、制作动画或者进行其他工作的时候，可以戴上耳机，放一段轻音乐，将自己和其他人隔离开来。

小贴士

其实，投入地工作和被打扰是此消彼长的，假如你足够投入工作，周围的环境是很难打扰到你的，这时你只需要将手机关掉就可进入不被打扰的境界。假如你本身就对工作感到厌烦，心情非常焦躁，那么就算一根针掉在地上，也会干扰你的注意力。

专注手头事,别让分外事干扰自己

在职场中,我们有时候身不由己,会遇到同事请自己帮忙做一些事情的情况。假如我们向来都比较热情,或者不好意思拒绝同事,那时间久了,同事所提的请求将越来越不合理,而我们自己则可能会陷入越帮越忙的难堪境界。通常情况下,对同事的不合理请求来者不拒,即便是牺牲自己的工作也在所不惜的人,都是内心比较脆弱的老好人,他们在拒绝别人方面存在障碍,总是不好意思拒绝,担心伤害别人的面子,只能自己硬着头皮上。

露露曾经在一家文化传媒公司做文员,平时自己的工作就比较繁杂,还要经常帮同事做事。每当同事提出需要帮忙时,露露总是来者不拒,即便耽误自己手头的工作,她也会先帮别人把事情做好。尽管她自己累点,但总算赢得了同事的喜爱。

后来,行政部准备提拔一位经理,在公司工作多年的露露觉得自己应该很有机会,毕竟过去自己长时间为同事服务,在公司真的是"鞠躬尽瘁,死而后已",如果自己不能被如愿提拔,那真是对自己不公平。没想到,最后是一位平时只做自己工作且从来不愿意帮别人的同事晋升了。露露百思不得其解,她跑去问人事部主任,主任当即说:"管理层在讨论晋升人选的时候,确实考虑过你,不过,大家都说虽然你很喜欢帮同事,但自己的分内工作并不十分出彩,没有让大家看到你在工作技能和管理能力上的提升,同时也担心你这种不懂得拒绝别人的请求,喜欢做老好人的性格,可能会让你在管理岗位上疲于应付,不能坚持自己的原则,所以……"

这件事之后,露露得到了很大的教训,她终于明白了:职场如战场,是需要拿出自己的真本事,拿出自己的工作业绩的。只有努力开拓出属于自己的一片职业新天地,用心耕耘,才能得到领导的认可。如果自己仅仅是一个老好人,是完全没办法体现自己价值的。

许多职场中人都有跟露露一样的经历,越帮越忙不说,还越帮越不开心。同事的事情倒是解决了,却耽误了自己的工作。甚至,有时候给同事做了半天事情,末了还讨不了好,连句"谢谢"都听不到,好像这是理所应当的,要帮就必须帮好,否则自己就不够义气。所谓的老好人,自己内心的苦闷又该向谁诉说呢?

快下班时小王接到了同事小张的电话,他很着急地请求小王再帮他一下,写个新方案给客户,他说客户已经催他好几次了,而他确实没时间。因为小张最近谈恋爱的关系,小王也常常帮小张写方案。

第4章 切断干扰源，让自己处于专注高效的环境中

最近步入爱河的小张是小王在公司里关系比较好的同事之一，以前他们经常会在下班后一起打球、吃饭。本来，小王挺欣赏小张的洒脱和率真，所以在一个月前当小张一脸兴奋地说自己谈恋爱的时候，小王几乎是毫不犹豫地答应帮他做方案，以便让小张有更多的时间去谈恋爱。

但是一个月下来，小王感觉自己越来越不快乐，他发现自己已经讨厌替小张做事。但是，应该怎么拒绝呢？小王觉得拒绝的话很难说出口，好朋友是应该互相帮助的，如果自己开口拒绝，会不会失去这个朋友呢？

在案例中，当小王愿意帮助小张的时候，他可以去帮助小张，假如小王内心不愿意再帮助小张，他就可以用这样一个简单的方法来拒绝他：先了解清楚情况，理解对方，再告诉他自己的想法。表达友好和善意是我们拒绝他人时最重要的原则，它可以帮助我们建立更和谐的人际关系。在这样的前提下，我们可以使用一些方法，如找一些小借口，以此表达拒绝。

办公室里的同事，需要相互帮忙的时候比较多，当然，在我们力所能及的情况下，帮助同事是很有必要的，毕竟这样做可以给我们带来很多的好处，比如建立和谐的人际关系以及高效地工作。不过，在职场工作中，有的同事会提出一些不合理的要求，这时我们应该怎么办呢？我们经常担心或者不愿意拒绝别人的要求，因为我们担心失去与他们的良好关系，所以

在面对同事的不合理要求时，我们会感到十分为难。

其实，当我们没有学会灵活地拒绝别人的时候，尽管表面上我们是答应了对方的要求，但实际上，我们内心深处会积压许多怨气，这会让我们感到痛苦，并且终有一天会影响我们与其他人的交往。所以，拒绝同事，学会积极的沟通技巧，学会合理地表达自己的感受，对我们是非常重要的。

1. 做好心理建设

每个人都应该知道自己拥有拒绝别人的权利。拒绝时，找一个可以轻松说话的地方，并且考虑说话的时机。之后考虑清楚要拒绝对方要求中的哪个部分，并且预先准备好可以明确传达出"这个事情我没法帮你，但假如改成……我就可以帮上忙"的讯息。

2. 在"行"与"不行"之间找出路

遇上同事请求协助的时候，觉得自己只能接受或拒绝，没有转圜余地，也是导致人们无法拒绝的原因之一。其实，只要把拒绝别人的请托当成是在跟对方交涉，就能够比较容易打破心理障碍，没有那么难开口。

假设完全接受对方的请求是100%，彻底拒绝是0，那么不妨试着向对方提出90%、70%或50%的方案。你可以对请托的"内容""期限"和"数量"作评估，比如说，90%接受是"期限延长3天的话就办得到"，70%接受是"无法担任项目经理，但是参与项目没问题"。

3. 拒绝前先感谢

拒绝的说法也有一套固定模式可循：先以感谢的口吻，感谢对方提出邀请；然后以缓冲句"不好意思""遗憾"接续，让对方有被拒绝的心理准备；接下来说出理由，并加上明确的拒绝："因为那天已经有约了，所以没办法出席。"

4. 拒绝后表达歉意

如果婉拒的是比较无关紧要的邀约（如应酬），只要说今天不方便就好；但如果拒绝的是额外的工作，就必须说出今晚无法加班的具体理由。最后不忘加上道歉，以及希望保持关系的结尾："真的很抱歉，若是下次还有机会，我会很乐意参加。"

5. 电话拒绝要格外温和

电话沟通时，听者看不到说话者的表情和动作，有时就算你说法客气，对方还是会觉得你的态度强硬，所以讲电话的时候要增加缓冲句，尽可能体贴对方的心情。E-mail则是连声音的抑扬顿挫都没有，容易给人公事公办的感觉，所以要增加感性的词汇。

6. 正面朝向对方，放松眉头

通常，我们说话的姿势、表情、音调也会给人不同的感觉。拒绝时要尽量正面朝向对方，侧身容易给人警戒心强的感觉。蹙眉也会给人负面的印象，尽量有意识地舒缓眉头，以接近微笑的温和表情讲话最适当。

小贴士

　　许多人觉得自己无原则地帮助别人可以体现自己的价值。但是，他们往往忽视了，自己的时间和精力都是有限的，在职场中，只有尽全力将自己的分内工作做好，才能够真正体现自我价值。

别让娱乐八卦分散你的注意力

你每天花了多少时间浏览明星的微博和贴吧？花了多少时间与朋友谈论明星八卦？关注娱乐八卦真的费时费力。叔本华在《人生的智慧》中道出了自己对人生的见解：无论世界怎样变化，无论周围的人怎样对待自己，快乐与幸福永远都是来源于自己。或许，我们可以说，只有来源于自己的开心才是最幸福的。许多人总是将快乐寄托在别人的身上，看到别人笑才会开心，听到别人的赞美和感谢就会高兴。但是，随着时间匆匆而过，留下的不过是回忆。而那些记忆中尚存的点，只是零星的、杂碎的，它们在我们的人生里是多余的、毫无意义的。

现代社会，经济迅速发展，生活节奏也越来越快。在如此紧张的生活节奏中，人们发现自己越来越难以捕捉生活中的快乐与幸福。于是，许多人开始关注别人的生活，他们追逐活跃在大屏幕上的明星，深陷娱乐世界的八卦新闻。那些娱乐世界的八卦新闻似乎比电影情节更吸引人，给人们茶余饭后带来了更多的谈资。

豆豆今年25岁了，她在一家外企公司工作，每天过着朝九晚五的生活，她每天最大的兴趣就是八卦明星的生活琐事。

每天，豆豆很早就来到公司，打开电脑，点击"娱乐新闻"，这已经成为她生活的一部分。浏览那些八卦娱乐新闻时，豆豆一会儿笑，一会儿气得摔鼠标，一会儿又捂着嘴巴偷笑不止。

同事就纳闷了："豆豆，你每天最开心的事情就是八卦娱乐世界啊，有那么开心吗？"这时，豆豆就会一副很无奈的表情："我也是没办法，工作压力太大，每天找不到更多的不费脑子又能让我开心的事情了，我这是自娱自乐。时间长了，我也就习惯了，每天不看娱乐新闻就会觉得少了点什么。"

难道我们对开心的奢求已经到了将它们寄托在八卦新闻的地步吗？其实，真正的快乐与幸福来源于自己。源于自身的快乐才是持久的，你快乐了，你的心态也就好了。如果你将这种快乐寄托在别的东西上，那么那种被动的感觉，是自己无法左右的，所谓的自己很快乐，也不过是自欺欺人罢了。

这是已经年逾五十的周先生所写一篇的日记：

不知道哪位名人说过：幸福不是得到的多，而是索取的少。一个人容易满足，幸福快乐就会常相伴！

前些天，元旦节，女儿女婿来看我，一家人享受天伦之乐。在这短短3天中，我陪着他们逛街，我为他们花钱，看着他们吃喝玩乐。在拥挤的地铁，他们给我让座；在熙攘的大街，他们小心地扶着我。我感到很快乐，这是我自己内心深处的快乐。

今天清晨，我听着音乐来公司上班，看到环卫工人、出租车司机的辛苦，我感到自己比他们幸福；看着晨练的人，看着他们脸上洋溢着的笑容，我觉得自己能够自由地呼吸是一件多么值得庆幸的事情。

周先生虽然已经年逾五十，但是他的快乐十分简单。其实，远离了那些八卦新闻，我们一样能获得快乐，而且，源于自身的开心会让我们感到更幸福。真正的快乐与幸福来源于自己，这意味着我们不能寄快乐和幸福于发泄与玩乐之上。

1. 别把一瞬间的兴奋当成幸福

关注着娱乐世界的是是非非，有些人感到很兴奋，因为他们所谈论的对象是遥不可及的明星，而明星的身上却无一例外地发生了一些普通人的故事。于是，越来越多的人陷入八卦新闻中，他们错把那一瞬间的兴奋当成了幸福。

2. 做对自己有意义的事情

一个人自身的快乐，就是找到自己真正喜欢的事情、真正想做的事情，不计回报地投入全部的热情，只为兴趣与喜欢。

3. 娱乐新闻不会带来真正的幸福

真正的快乐是生命本性的自然流露，从某种程度上说，只有不在乎外在的虚荣，快乐幸福才会润泽你的心灵。

小贴士

真正快乐的力量来自心灵,而不是八卦新闻。拥有快乐的心情才会感觉到活着是美好的,内心是喜悦的,还有一份抑制不住的真诚微笑,那是一种美妙的内心感受。

第4章 切断干扰源，让自己处于专注高效的环境中

偶尔关掉手机，获得短暂的宁静

信息时代，智能手机已经进入生活的方方面面，每个人除了可以利用手机打发碎片时间，其他诸如购物、社交，甚至工作都可能需要用到手机。人们每天使用手机的时间越来越多，那么，你每天花多少时间使用手机呢？

特恩斯市场研究公司（TNS）是一家全球性的市场研究与资讯集团，他们最近的一项研究显示，全球16~30岁的用户每天使用手机的时间平均为3.2小时，而中国手机用户的平均使用时间为3.9小时。在TNS的调查结果中，中国用户每天使用手机的平均时长仅次于泰国的4.2小时，位列全球第二。换而言之，每天24小时，大部分中国人除去睡觉的8小时和吃饭的2小时，以及工作的8小时，剩下的6小时里有接近4小时在使用手机，占到了所有剩余时间的一半以上。

那么，人们每天用手机干什么呢？根据调查结果显示，使用社交网络和观看视频分别以46%和42%的比例占据使用频率的前两位，而在线购物以12%的比例位列第三。刷刷朋友圈，看看微博，逛逛淘宝、京东等，这些基本上是手机使用频率最高的行为。

13岁的小松刚上初中，为了方便他更好地学习，父母为其添置了电脑，主要用于查资料。平时小松只是在学习之余才上上网，大部分时间都用于学习。

不过，近一段时间，小松用电脑的频率比较多，经常是一回家就躲进家里的书房，一个人玩电脑。刚开始，父母还以为小松只是用电脑学习，也没多注意。

后来有一次，父亲无意间经过书房，打算看一下小松的学习情况，推开房门才发现小松根本没有在学习，而是在玩游戏。父亲十分生气："小小年纪不学好，玩什么游戏，这会让你成绩直线下降的。"小松很无辜地看着父亲，说："可是班里的同学都在玩，他们天天谈论的都是游戏里的角色，我发现自己根本插不上嘴，我也是受他们影响，而且好多同学都会直接带手机去学校里玩，我只是晚上玩一会儿。"父亲当即打电话向老师了解情况，这才知道，不仅初中生，连小学生都陷入了这款游戏的诱惑之中。面对这样的环境，父亲表示很无奈。

其实，把花在手机上的时间拿来关注自己，你会得到更多，努力工作你会得到报酬，多点时间关心身边的亲人，你的生活会更温暖。何必拿着冷冰冰的手机，只知在朋友圈关心、关注那些你压根就不熟的人，却放任亲人在身边不闻不问，让亲情渐渐淡薄？

你是否有计算过自己每天花了多少时间来刷朋友圈？当

第4章
切断干扰源，让自己处于专注高效的环境中

现代社会的电子产品更新越来越快，社交网络越来越发达，越来越多的人成为"低头族"，吃饭时刷朋友圈，走路时也刷手机，上厕所时手机似乎比手纸更重要。那么，你花在手机上的时间有多少呢？一小时？五小时？还是五小时以上？

甚至有人说，手机是现代人唯一离不开的东西。每天起床后，都会随手打开手机，点开微信朋友圈去看动态，一条一条往下翻，看到朋友的动态随手点个赞，看到有意思的内容再评论一下。刷着手机，可能半小时很快就过去。因为总是玩手机，所以人们产生了一种错觉：玩手机时间很快就过去了，而上班时总感觉时间好难熬。

很多人玩手机上瘾、刷朋友圈上瘾，每天有空时就去刷朋友圈，有些人甚至在工作时也会点开看一下。其实很多时候别人并没有更新动态，刷了几次还是那几条，但自己就像着魔一样，总是想去看看。

手机的高频率使用，导致一大批手游的出现。平日里喜欢在电脑上玩游戏的人，开始将注意力集中在手机上，毕竟比起电脑而言，手机更便于携带、更好操作。于是，人们花了更多的时间在手机游戏上。

曾有脑科学方面的专家对此进行研究后表示，每天长时间刷朋友圈会严重分散人的注意力。研究显示，脑的前额叶处理问题的习惯倾向于每次只处理一个任务。多任务切换，只会消耗更多脑力，增加认知负荷。因此，有科学家相信，这种

"浅尝辄止"的方式，会使大脑在参与信息处理的过程中变得更加"肤浅"。

1. 多交朋友，丰富生活

在闲暇的时候，多进行瑜伽、打篮球、跑步、游泳等活动，让生活变得充实，同时也可以放松身心。不要让自己的生活太无聊，当一个人无聊的时候，就会不断地用手机来填补空虚感，好像手机是自己获取外界信息的唯一通道。

2. 减少看手机、用手机的次数

下意识强制自己每几小时才去查看一次手机。如果必须随身携带手机，就把手机放在包里，并强制自己不要频繁打开包查看手机。长时间使用手机会形成习惯，想要改变习惯，需要一定的强制性才能达到效果。

3. 彼此提醒少用手机

其实很多人之所以使用手机的时间那么长，是因为他们的周围充斥着"低头族"，而他们自己也不明白用手机的确切目的。在手机上，他们打开微信、打开微博、打开百度，就这样一个一个看下去，漫无目的，最终时间过去了，也不知道自己看了些什么。在生活和工作中，你可以与身边的亲友彼此协商好，让对方监督并提醒你。比如，在你使用手机时间过长时提醒一下，或在一些场所提醒你不要使用手机等。

4. 删除不常用的程序

有的人在手机上装了很多应用软件，像购物、旅行、理财、游戏、社交等。手机上装的应用太多，会影响手机的运行速度，一些商家的推送信息则会干扰我们的注意力。对于手机上一些不常用的应用可以删除，这样既可以腾出内存空间，还能够减少干扰，何乐而不为呢？

5. 别把手机放在床头

很多人早上睁开眼睛的第一件事情就是看一下手机，看看朋友圈有没有更新等。每天晚上睡觉之前，很多人也要看手机，但这样不仅伤眼，还会影响睡眠质量。

6. 找其他东西代替手机

不要一遇到问题就想到手机，也许有其他更好的方法，去寻找、去尝试，以此减少对手机的依赖。比如，在上班路上可以选择以看书代替玩手机，拍照的时候可以用数码相机代替手机。

7. 坚持每天写日记

记下每天使用手机的时间和目的，这样可以让自己真正了解整天拿着手机是在做什么。也可以写一些你认为有意义的事情，让自己多发现身边的人和物，这样不仅可以戒掉手机瘾，还可以扩宽自己的视野，并且能够锻炼自己的语言组织能力和表达能力。

小贴士

智能手机的出现确实让人们生活变得更加便利和丰富多

彩，让人与人之间的沟通变得更便捷，但也让人与人之间面对面的交流变得越来越少，人们可能更愿意用发微信的方式来和朋友交流。凡事过犹不及，可别让手机占据了你全部的时间。

第4章
切断干扰源，让自己处于专注高效的环境中

别轻易说失败，鼓起勇气再尝试一次

从前有一头幸运的毛驴，它拥有两堆草料。它饿了，站在两堆草料中间，是去左边还是去右边呢？往左边走走……嗯，还是去吃右边的比较好；往右边走了几步……算了，还是去左边那堆好了。走走又回头，回头又走走，于是，这头幸运的、富有的毛驴，就这样在两堆草料间活活地饿死了。这个故事当然是有点夸张，可是不要觉得人就不会做这样的傻事。正是因为人比毛驴聪明，思考能力强，所以在前思后想中，更容易犹豫不决，浪费时间，失去机会。在生活中，有不少人做事思前想后，顾虑太多，结果在犹豫不决中丧失了绝佳的机会，也失去了改变人生的机会。

安妮从小有一个梦想：大学毕业后，先去欧洲旅游一年，然后去纽约百老汇奋斗，在那里寻找自己的小天地。现在，安妮已经是哈佛大学艺术团的歌剧演员。

老师偶然听到了安妮的梦想，他当即说："为什么要等到毕业之后再去呢？你可以现在就出发。"安妮思索了一会儿，说："或许你是对的，大学生活并不会帮我争取到去百老汇工作的机会。不过，我决定一年之后再去。"老师感到疑

惑："为什么要再等一年？你现在就可以去了。"安妮有点迟疑，说道："不然，我先等这学期学业结束，下学期就出发去百老汇。"老师紧紧追问："为什么要等下学期？你今天就可以启程出发去百老汇。"安妮看着老师的眼睛，相信他说的是对的，她当即表示下个月去百老汇。但是，老师似乎并不太满意，说："为什么再等一个月？现在就可以去。"安妮听到这样的话，内心激动不已，说："不过我需要买一些东西，可能需要一个星期的准备时间。"老师笑着说："你所需要的东西，我想在纽约这座城市完全可以买得到，所以你可以今天就出发。"安妮激动地点点头，说："好，那我明天就启程去百老汇。"老师当即说："这就对了，我已经为你预订了明天的机票。"

果然，第二天安妮就出发去了百老汇。当时，百老汇的一个制片人正在制作一部经典剧目，需要选拔新演员，他让每个应聘者按照剧本演绎一段主角的经典对白，然后从应聘者中挑出10人左右。安妮听闻这个消息之后，通过各种渠道从化妆师手里拿到了剧本，然后一个人躲在房间里练习。到了面试那一天，安妮即兴表演了一段剧目，由于她情感真挚，声情并茂，当即被制片人钦点为该剧目的主角。

安妮到纽约后，没几天就顺利进入了百老汇，穿上了她人生中的第一双红舞鞋，她的梦想实现了，她成了百老汇的一名演员。尽管之前的她是犹豫的，不过她依然抓住了时机——马上出发。在生活中,许多追逐梦想的人总是磨磨蹭蹭,前怕狼后怕虎,结果硬生生地耽误了时间,错失良机。

为了商量如何对付猫吃老鼠这个问题,老鼠大王召集了众多成员开商讨大会。如何对付猫呢?面对这个问题,老鼠们各抒己见,有的出主意,有的提建议,但是商讨了大半天,依然没有得出一个妥善的解决方法。

这时成员里号称最聪明的老鼠想出了一个妙计,它说:"在过去,我们与猫大战三百个回合,却总是败在猫爪之下,这是为什么呢?因为猫的体积和功力在那里,若论单打独斗,我们只能失败。我觉得唯一能够解决的方法,就是不被它抓住。"其他老鼠面面相觑,问道:"这倒是个好方法,不过如何才能躲过猫的魔爪呢?"那位老鼠露出一丝狡黠的微笑,说:"其实,我们可以给猫的脖子上系一个铃铛,不管它去哪里,铃铛都会响起来,而我们只要听到铃铛响,就知道它出来了,然后就赶紧跑,自然就躲过了。"老鼠们听了,非常高兴,一致觉得这是个非常不错的主意。

老鼠大王听了也非常高兴,不过,应该由谁去给老鼠挂铃铛呢?这个好想法必须落到实处,才能避免自己的族员们不被猫抓走。于是,老鼠大王当即问大家:"那么,谁去给猫系铃铛呢?这可是一个艰巨而重要的任务。"大家你看我我看你,就是不发言。

老鼠大王看大家都不踊跃,也只有点将了。它当即指着机灵的小老鼠说："要不，你去吧，你最机灵了，这活儿非你莫属。"小老鼠一听给猫系铃铛，害怕得浑身发抖，当即请求大王："回大王，我虽然年轻，但是缺乏经验啊，我自认无法胜任。"老鼠大王听了觉得有理，当即对年纪稍大的老鼠发出命令："那么，我想你是其中最有经验的了，你就去吧。"那位年纪稍大的老鼠一听，忙摇头："哎呀，大王，我上有老下有小，还等着我养活呢，再说我这老胳膊老腿的，怎么能担此重任呢？"老鼠大王一听也对啊，既然大家都没法担任这项工作，不如就派那个出主意的老鼠吧。正想着叫它呢，才发现那个老鼠早溜得不见影儿了。

结果，好主意是想出来了，但是直到老鼠大王死，也没有完成给猫系铃铛这项任务。

目标是否可以实现，关键在于是否及时行动。在任何一个领域里，不努力去行动的人，都无法获得成功。正所谓"说一尺不如行一寸"，任何希望、任何计划，最终都必然要落实到具体的行动中。

1. 及时行动

只有及时行动才可以缩短自己与目标之间的距离，也只有行动才能将梦想变为现实。如果你只是心里想想，又总是考虑其他的因素，错过了及时行动的机会，那么终会后悔莫及。

2. 想得太多会把握不住机遇

人生有三大憾事：遇良师不学；遇良友不交；遇良机不

握。很多人把握不住机遇，不是因为他们没有条件，没有胆识，而是他们考虑得太多。在患得患失间，机遇的列车在你这一站停靠了几分钟，便又驶向下一站了。

小贴士

现代社会充满着激烈的竞争，机会可遇不可求，且稍纵即逝。如果一个人在做决定时总是优柔寡断、犹豫不决，那机会只能与他擦肩而过，且将他远远抛在后面。因为他总是思前想后，所以浪费了时间，错失了机会。

第5章

超限效应,其实完成比完美更有意义

完美主义的倾向与拖延之间存在着紧密的联系。通常完美主义可以分为积极完美主义和消极完美主义,积极完美主义者会想方设法让事情趋于理想状态,而消极的完美主义者则会采用拖拉的方式来逃避失败。

完美主义让你迟迟不肯行动

比起强迫症、洁癖等许多其他问题，我们似乎对"完美主义"趋于好感。甚至，有些人无不得意地逢人便说："我这个人呢，唯一的缺点就是太过于完美主义。"事实上，这些人根本不了解什么是真正的完美主义。

完美主义，准确地说体现在两方面：完美主义的努力和完美主义的担忧，也可以理解为积极的完美主义和消极的完美主义。积极的完美主义，主要是严格的自律和高职业道德；消极的完美主义，则代表了过度自我批评以及满足感的缺失。从古至今，有许多成功的人士，他们大多属于积极的完美主义者，追求完美，但这份对完美的渴求并没有成为他们成功路上的障碍。

积极的完美主义者，对人和事都有一定的正面促进作用。这一类型的人一旦定下目标，就会坚持下去，对事情永远希望做到尽善尽美，他们会更多地关注事情不好的一面，然后努力去弥补事情的不足之处，从而促成整件事情的顺利完成。当然，在做事情的过程中，他们对完美的追求不会影响到事情本身。

然而，消极的完美主义者却因太过于追求细节、追求完美而导致做事效率低下，甚至会养成拖延的习惯。这一类的完美主义者伴随着内心的焦虑，他们通常会以为自己再好也不够好，一种对卓越的完美追求，导致他们缺失了"自我关怀"。人们或许难以想象消极完美主义的破坏性有多么严重，通过大量研究发现，消极完美主义者和自杀之间存在危险的相关性。他们不会在冲动之下做事情，总是小心行事，善于计划，因此，一旦他们下决心结束生命，这种性格特征会让自杀更容易成功。

消极的完美主义还容易导致抑郁症，现实生活中的诸多压力对于抑郁症的影响，会随着人们追求完美的程度的提高而加剧。简单地说，就是如果一个人常常去关注事情违背其愿望发展的那一方面，那情绪就会常常遭受打击，从而加剧抑郁症的发作。

很多人并没有意识到消极的完美主义的破坏力，他们更多地希望完美主义可以帮助自己获得成功，但真相并不是这样。因为从一开始就阻碍人们的正是那些对失败的恐惧、对无法达到自己预期的恐惧，在这样的情况下，大部分人会通过不良的应对机制来面对压力，也就是尽可能地回避。比如，一个成绩平平的人，他对于自己能否考出优异的成绩并没有太大的焦虑感，根源在于他认为自己没办法完美地完成任何事，于是选择了不去尝试。而且，在做事过程中，他往往会由于小挫折，或者害怕犯错而感到焦虑，从而进一步影响任务的完成。过度的完美主义情结，让完美主义者对自己有着几乎不可能达到的高标准，以至于即使在旁人看来他们已经很成功，但是他们依然没办法感到快乐。

完美主义者身上有太多的标签，如果在一个人身上出现了大部分的个性化标签，那么表示这个人追求完美主义已经开始走向消极的一面了。

那么，消极完美主义具体体现在哪些方面呢？

1. 认为做得不好是能力不足

人们做事时难免会做得不好或犯错，正是因为有了错误，我们才能在经验中学习和成长。不过消极完美主义者并不会这样想。在他们看来，假如自己一件事做得不好，那就表示自己能力有些许不足。哪怕是一点点小挫折也会带给他们强烈的挫败感，如果遭遇大的难题则会让他们作出严厉的自我批判。

2. 即使成功了也没多少喜悦

对消极完美主义者而言，不管自己赢得了怎样的成就，也依然不习惯去庆祝成功的结果。即使别人已经觉得很成功了，他们还是会看到其中的瑕疵。当人们在为他们庆祝成功时，他们总会自我检讨说"我应该做得更好的""还是怪我这里没考虑到，否则现在的结果应该更好"。

3. 感受不到自我价值

消极完美主义者经常感受不到自我价值，从来不会因为

"我是谁"而感到骄傲。通常他们的自我价值来源于自己做了什么，完成了多少事情。不过，令人奇怪的是，即便他们成功地完成了很多事情，他们也依然不觉得自己成功了。

4. 对他人严格苛求

消极完美主义者不仅对自己要求严格，同时也会对他人提出非常严苛的要求。这些不切实际的期望，以及他们对别人提出的严格要求，常常会影响他们人际关系的和谐。

5. 伴随诸多心理问题

一个过度的完美主义者，他的心理常常存在各种亚健康问题，比如强迫症、进食障碍、抑郁症等。若是抑郁症加重，还会产生自杀倾向。

6. 从不做没有把握的事情

消极完美主义者虽然表面上看起来处处追求尽善尽美，但事实上，大部分的消极完美主义者对自己不擅长的领域完全没什么兴致。他们喜欢展示擅长的一方面，或者在感兴趣的领域中发展，而拒绝做没有把握的事情。平日里他们也会喜欢选择挑战性较低的事情来增加成功的可能性，但若是挑战新的领域，则会让他们感到苦恼。

7. 对生活感到不满

消极完美主义者对失败的恐惧以及对未来的焦虑，让他们往往对自己的生活感到不满。一个典型的完美主义者，平日里看起来并不是很快乐。若是现实生活中压力比较小，他们表现得往往比较乐观，一旦生活压力比较大，他们就会表现出对生活的严重不满。

8. 做事效率很低

生活中，那些积极性强的人往往很努力，而且做事效率很高。但对于消极的完美主义者而言，他们非常纠结每件事情的完成情况，一篇稿子改了无数次依然觉得不满意，一件工作做了很多天依旧觉得不够好。由于过分追求完美，所以他们做事效率比较低。

9. 需要大量的时间和精力

消极完美主义者往往需要大量的时间和精力来掩饰自己的不完美。他们内心十分害怕受到别人的批判，为了避免这样的评价，他们会尽可能维持一个各方面都不错的形象。

10. 常常感到烦躁不安

消极的完美主义者，由于对自己和他人有过高的要求，而事实上自己很多时候并不能达到高期望，且他人也会因各种情况无法达到高标准，所以他们常常感到烦躁不安。

小贴士

消极的完美主义者常常会受到来自人际关系的压力，容易夸大他人的否定、拒绝、怀疑等，而且这样的压力完全没有办法通过自己所达到的成就来消除。所以，对于过度追求完美的人而言，最重要的就是接受一切不完美。

第5章
超限效应，其实完成比完美更有意义

事情总会出现意外的转机

完美主义者做事总习惯拖延，原因之一是他们坚持要找到事情的解决办法。但其实很多时候，我们可以通过事情的另一方面来找到解决方法。"上帝为你关上一扇门，一定会为你打开一扇窗。"有时候，前方的路已经走到了尽头，这时不要处处埋怨，既然已经没路可走了，那就不要纠结为什么自己钻进了死胡同，而应积极地寻找那扇打开的窗。生活总是一个意外接着一个意外，原本幸福美满的生活可能顷刻崩塌，同样地，原本山穷水尽的境地，也会有"柳暗花明又一村"的转角。

当事情变得极其糟糕的时候，我们常常容易沮丧，但我们不应该跟自己较真，因为即便是我们在经受痛苦和折磨的时候，也会有一扇窗子向我们敞开着。在生活中，不管我们遇到怎样糟糕的事情，都不要气馁，应振作起来，努力去寻找上帝给我们打开的那一扇窗子。

小迪自幼失聪，如今她却是某省的残联副主席，画院的专职画家，擅长工笔花鸟画。她说："我相信一句话，上帝给你关上了一扇门，就会为你打开一扇窗。在1岁多的时候，我因药物致残，从记事起，我就生活在一个没有声音的世界里。但父母从来没有把我当特殊孩子对待,一样地培养我,让我自食其力。在17岁那年,父亲把我介绍给画家当弟子,当我第一次看到老师画的《芙蓉鲤鱼》时,我有一种近乎震撼的感觉,我对画画一见钟情,我想,难道这就是上帝给我打开的另外一扇窗吗?"

看到记者赞扬的目光,她继续说道:"学画的过程并不容易,因为我不能要求老师也跟我一样用手语。这时我就用眼睛看,使劲看,使劲记。为了完成老师给我布置的作业,我常常骑上自行车到很远的地方去,去寻找一花一草。后来,我干脆搬到一个工艺美术厂打工,白天上班,晚上练画,每天的时间排得满满的,但我觉得过得很有价值。1992年,日本佛教文化交流中心会长国冈先生来我们这里做交流活动,在我们画院一眼相中了我的画。在他的邀请下,我和另外几个女画家在日本北海道联合展出了自己的画作,这个画展连续举办了三届,我的作品还被印成明信片在日本发行。这件事的意义不在于荣誉,而是让我不再那么自卑了。我从来不认为残疾人是不需要进取的,我一直在学习,并且会将这种习惯坚持到老。"

有时候,我们以为自己遭遇了世界上最残酷的事情,却浑然不知,当我们遭遇困难或挫折的时候,上帝已经在另外一边给我们准备了一条全新的道路,关键在于我们是否有良好的心态走到最后。遭遇不幸之后,如果你只会为自己的痛苦不断较真，那估计上帝也会关上那扇窗。

1. 不要纠结"门被关上了"

人生从来不会是一帆风顺的，有时候，我们难免会遭遇这样或那样的挫折。这个时候，不要纠结，不要气馁，否则只会让我们孤立在门之外。当一扇门关上之后，我们尝试过打开另外一边的窗子吗？也许，那扇窗子只是虚掩的，而非紧闭的，所以不要纠结门被关上了，而应致力于打开那扇窗。

2. 希望就在转角处

希望和绝望往往只在一线之间，我们以为所有的路都堵死了，却忘记了自己的身后还有一条路。当我们绝望到底的时候，事情往往会出现意外的转机，所谓"希望就在转角处"。别沮丧，别气馁，我们总会找到事情的解决方法。

小贴士

对量子宇宙论的发展作出杰出贡献的，著名的"黑洞理论"及《时间简史》的作者——霍金这样说道："我要感谢上帝，如果我不是残疾人，酒吧、舞厅都会留下我的脚步。我因为残疾少了许多社会繁杂事务，可以集中时间思考问题。"虽然，上帝给霍金关上了一扇门，却为他打开了一扇窗。

没有把握的事，你总是拒绝

为什么完美主义者更容易逃避？因为过分追求完美，所以对于那些看起来不可能完成的任务，他们会选择放弃，一味地沉浸在自己的精神世界里，与外界社会脱离。假如完美主义者希望赢得成功，甚至在一些不擅长的领域达到自己期望的高度，那就需要勇敢挑战那些不可能完成的任务。

一个人的思想决定一个人的命运，完美主义者缺乏向不可能完成的任务发出挑战的勇气，因此只能画地为牢，最终将自己无限的潜能化为有限的成就，甚至一事无成。如果想让自己的业绩更上一层楼，想攀登更高的山峰，就要鼓起勇气去挑战那些不可能完成的任务。

杰克逊向人们讲述了自己经历的一件事情：

现在，有许多休闲活动开始变得惊险刺激，而我选择了跳伞训练来挑战自己的胆识。在一次例行的业余跳伞训练中，我们由教练引导，背着降落伞登上了运输机，准备进行高空跳伞。突然，不知道是哪个学员惊叫了一声，大家闻声望去，竟然发现了一位盲人，他带着自己的导盲犬，正随着大家一起登机。令人惊讶的是，和大家一样，这位盲人和导盲犬的背上也各有一顶降落伞。

飞机起飞之后,所有参加这次跳伞训练的学员都围着这位盲人,大家七嘴八舌地问他为什么会参加这次跳伞训练。一名学员好奇地问道:"你根本看不见东西,怎么能跳伞呢?"盲人回答得很轻松:"那有什么困难的?等飞机到了预定的高度,开始跳伞的警告广播响起,我只要抱着我的导盲犬,跟着你们一起排队往外跳,不就行了吗?"另一名学员接着问道:"那……你是怎么知道在什么时候可以拉开降落伞呢?"盲人笑着回答:"那更简单,教练不是教过?跳出去以后,从一数到五,我就会把导盲犬和我自己身上的降落伞拉开,这样我就不会有生命危险啊!"杰克逊也忍不住问道:"可是……落地的时候呢?跳伞最危险的地方,就是在落地的那一刻,那你又该怎么办呢?"盲人满怀信心地回答:"这还不容易,等到我的导盲犬吓得乱叫的时候,同时手中的绳索变得很轻的时候,我就做好落地的标准动作,这样不就安全了?"

讲完故事以后,杰克逊这样说道:"很多时候,阻碍我们去做某件事情的是自己内向的性格,只要鼓起勇气,相信自己,那么人生就是美好的。"你是否能成功,关键在于是否相信自己的判断,是否具有适当冒险与采取行动的勇气。如果自己总是以胆怯的样子来面对每一件事,那么当你在犹豫的时候,你已经失去了最好的机会。

比尔·盖茨说："所谓机会，就是去尝试新的、没做过的事。可惜在微软神话下，许多人要做的，仅仅是去重复微软的一切。这些不敢创新、不敢冒险的人，要不了多久就会丧失竞争力，又哪来成功的机会呢？"因此，微软只青睐那些敢于冒险、相信自己判断的人。对于完美主义者来说，需要尝试新领域，即便在不擅长的方面，也要敢于去尝试。

1. 遇到困难不要退缩

大多数完美主义者遇到困难时选择退缩，并非是因为无法战胜困难，而是因为缺乏战胜困难的勇气。我们不相信自己能够战胜困难，所以在尚未尝试时就打退堂鼓。其实，如果在遭遇困难之后能选择迎难而上，那成功终将属于我们。

2. 勇于挑战一切不可能完成的任务

一位完美主义者看着台上滔滔不绝的演讲者，总会感叹：他讲得多好啊，我肯定不行，我一上台双腿就哆嗦，站也站不稳……我还会忘记自己应该讲哪些内容……如果台下有人发出质疑之声，我肯定会选择逃跑。这些都是他在尚未开始挑战时幻想出来的，是不切实际的。我们所需要做的就是打消这些想法，勇于去作一次公开的讲话，这样才能让自己变得自信起来。

小贴士

当把完美主义变成一种习惯的时候，那么喜欢逃避的人就已经诞生了。想要克服自己完美而脆弱的心理，就必须学会相信自己。不仅如此，完美主义者还应该勇于挑战自我，这样才能塑造充满勇气的自信人生！

即使失败，也没什么大不了

在兵法中，有这样一句话："胜败乃兵家常事。"简单的一句话，却给了我们很大的启示：尽量将输赢丢开，胜败皆是常事。其实，在生活中何尝不是这样呢？当我们遭遇失败的时候，需要告诉自己："将输赢丢开。"不要计较自己到底是输了还是赢了，我们越是较真，心情就越是糟糕。确实，生活中从来没有输赢，我们需要保持的是平和的心态。对于我们每个人而言，生活是风云变幻的，那些意想不到的事情总会在我们不经意的时候发生。既然输赢已定，我们需要做的就是保持一颗平常心，不计较输赢。面对失败，我们不能因一时的挫折而丧失斗志，一蹶不振，更不能因为一次输赢而患得患失，失去必需的平和心态。有时候，人生就是一场又一场的赌博，输赢并不是自己能决定的，我们所能做的就是填满中间空白的过程，如果我们没办法决定是输还是赢，那就努力维持平和的心态吧。

大学毕业后，他放弃了父母托关系为他找的铁饭碗工作，只身带着单薄的行李南下，来到了发展较好的沿海地区。即便每天只能做很简单、枯燥的工作，他也能从中得出自己的快乐，而且他好学，遇到不懂的问题都会向同事请教。时间长了，老板欣赏他的踏实与认真，晋升他为秘书。之后，他不断地升职，渐渐在行业内有了响当当的名号。这时候，他毅然放弃了高薪职位，拿着多年的积蓄，开了一家小公司。在他的努力经营下，小公司一天天成长，他成了远近闻名的大老板。

在那年的金融海啸中，他的公司也遭遇了很大的冲击。得知消息的时候，他还在家里，父母担心地看着他。他很平静，反而安慰父母："没事，当年我也是一无所有，现在不过是需要时间而已。"他回到了公司，有条不紊地处理事宜，员工看着平静的他，本来慌张的情绪也缓和了。公司该接的业务还是照接不误，好像什么都没变，慢慢地，公司一步步走回了正轨。

我们要学会以平和的心境接受失败，不计较输赢，因为胜败乃是常事；对于失败之后的残局，要有条不紊、泰然处之。在上面这个案例中，我们能够学到的就是不追求过分完美的心境，以及那种临危不惧的心态。

胡雪岩刚开始做丝绸生意的时候，就经历了一次失败。当时，胆大的胡雪岩买下了湖州所有的蚕丝，打算自己来控制价格，以此打击洋商。没想到，生意虽然做成了，可前前后后算起来，最后竟赔了不少银子。面对如此打击，胡雪岩依然镇定自若，该拿给朋友的分红他一分不留，整个人身上看不到一点"输"的痕迹,因为他知道,只要自己内心不败,总有一天会成功。

后来,上海挤兑风潮来临,胡雪岩又一次站在输赢的转角。当时,上海阜康钱庄的挤兑风潮已经波及杭州,胡雪岩全力调动、苦撑场面,费尽心机保住阜康钱庄的信誉,试图重振雄风。可是,在这关键时刻,却是"屋漏偏逢连夜雨",宁波通裕、通泉两家钱庄同时关门。原来,这通裕、通泉两家钱庄是阜康钱庄在宁波的两家联号,胡雪岩意识到这次自己真的要输了。朋友德馨打算出面帮忙,并愿意垫付20万两维持那两家钱庄,胡雪岩很感动,却婉拒了这一好意,他觉得自己已经不能挽回败局,也不想拖累朋友。于是,胡雪岩决定放弃通裕、通泉两家钱庄,全力保住阜康钱庄。

面对危机,胡雪岩做到了"输得起",经过一番考虑之后,他总结出这样一个道理:人生做事,必然会有输有赢,胜败乃兵家常事,关键是心里不能输。既然选择了做生意这样有风险的事业,就要"赢得起,更要输得起"。

1. 输也要输得漂亮

胡雪岩说:"我是一双空手起来的,到头来仍旧一双空手,不输啥!不但不输,吃过、用过、阔过,都是赚头。只要我不死,你看我照样一双空手再翻过来。"因为那份坦然的心境,胡雪岩虽然输了,但输得漂亮,实在令人佩服。

2. 不计较生活中的输赢

在生活中，输与赢不过是不同的结果而已，任何一个人，既要有赢的渴求，同时也要有输的心理准备。输赢乃常事，我们所能做的就是始终保持一颗平和的心态，因为生活本就没有输赢。即使输了，也不要输了斗志、输了志气。如果我们总是计较生活中的输赢，那我们可能会经常成为输家，而非赢家。

小贴士

在生活中，我们会遇到这样或那样的事情，可能会执着于完美主义，不承认自己输了，或陷于紧张、慌乱、无措中，但只要我们保持良好的心态，淡定从容，事情看起来就没那么糟糕。所谓"船到桥头自然直"，在平和的心境下，不利会变为有利，一切困境都会过去。

第6章

制订目标和计划，有方向的行动不拖延

俗话说："凡事预则立，不预则废。"对拖延者而言，不要把目标刻在石头上却又把计划写在沙滩上。只有制订目标，才能找准人生的指南针。计划是为了完成一定的目标而事前对具体措施和步骤做出的部署，能让事情变得更为有序。

番茄钟，工作和休息要有计划

番茄工作法是简单易行的时间管理方法。番茄工作法是弗朗西斯科·西里洛于1992年创立的一种相对于"竭尽所能"（Getting Things Done，简称GTD）更微观的时间管理方法。番茄钟，指的是把任务分解成半小时左右，集中精力工作25分钟后休息5分钟，如此视作种一个"番茄"。即使工作没有完成，也需要定时休息，然后再进入下一个番茄时间，收获4个番茄后，可以休息15至30分钟。在番茄工作法中限定的一个个短短的25分钟内，收获的不仅是效率，还有意想不到的成就感。

对上班族来说，每天不妨提早几分钟到办公室，把一天的工作任务划分为若干个"番茄钟"，规定好每个"番茄钟"内需要完成的小目标，然后尽可能心无旁骛地工作。这种番茄工作法被称为拖延症自救攻略之一。假如想培养自己强烈的时间管理意愿和意识，养成坚定的自我管理行为，从此克服懒惰，那么不妨利用番茄工作法来提升自己充分利用时间的能力。

小白是职场丽人，平时养成了拖沓的工作习惯，她觉得有必要改变自己，于是打算利用番茄钟来督促自己管理时间。

周一早上8：30，小白启动了第一个番茄钟，她打算用这个番茄钟来回顾前一天的所有工作，看一遍活动清单，并填写今日日程。在这个番茄钟内，小白又检查了方案是否一切就绪，做了一些整理，番茄钟响了，她休息了5分钟。

第二个番茄钟开始，小白开始进入工作状态，就这样连续进行了4个番茄钟，然后开始一段较长时间的休息。虽然愿意继续工作，小白还是决定休息时间稍长一些，以便面对紧张工作的一天。过了20分钟左右，她启动了一个新的番茄钟，继续4个番茄钟后，已是12：53。正好余下几分钟可以整理一下办公桌，收集四处堆放的文件，检查今日待办表格，然后去吃午饭。

下午2：00，小白回到办公室，启动番茄钟继续工作。在番茄钟之间，她的休息时间不长。在完成4个番茄钟后，她觉得累了。虽然还有一些工作要做，但她想要好好休息一下，去溜达溜达，尽可能离开工作。30分钟后，她开始一个新的番茄钟。她预留最后的番茄钟用来回顾当天的工作，填写记录表格，尽可能地记下一些改进意见，为明天的待办表格加一些说明，并且整理书案。番茄钟响铃，小白看看表，5：27了。她整理好桌上凌乱的文件，排好活动表格的顺序。5：30，下班时间到了。

小白曾是一个重度拖延症者，通过种"番茄"，坚持每天在上班时间至少收获10个番茄，以此来敦促自己完成日常工作。同时，她自我诊断自己的拖延程度有所减轻、工作效率大大提高。番茄工作法的设定，主要针对对庞大任务的恐惧和抗拒导致的拖延，使人们把注意力集中在当下，帮助人们更好地集中精力、摆脱曾经遭受挫折的阴影和"万一任务完不成"的焦虑。

番茄工作法的原则在于，一个番茄时间（25分钟）是不能被分割的，不存在半个或一个半番茄时间。一个番茄时间里若做与任务无关的事情，则该番茄时间作废。当然，应避免在非工作时间内使用番茄时间，比如，用5个番茄时间来钓鱼。在开启番茄钟之前，需要有一份适合自己的作息时间表，在进行过程中不要拿自己的番茄数据与他人的番茄数据比较，而且要明白番茄的数量不能决定任务最终的成败。有效地利用番茄时间，可以减轻我们对于时间的焦虑，同时可以提升专注力和注意力，减少工作的中断。

1. 做好记录

在开启番茄钟之前，做好准备工作，明确各个番茄时间内对应的任务，最好将任务简单写到纸质便笺或日记本中，便于番茄钟的实行，强化反馈。

2. 保持任务（task）时间

每4个番茄时段内的任务尽量保持一致，别有太大的差别，尽可能减少任务间的切换成本，毕竟切换某个任务的工作状态也是需要时间的。

3. 预留时间

启动番茄钟之后，打扰是不可避免的，电话或邮件都有可能打断自己的工作。可在番茄时间段里预留一些被打断的时间，如预留5分钟。当然，还是应尽可能避免这种打扰，在允许范围内适当将接收邮件的时间延长，不启动即时通信工具。

小贴士

根据自己的实际情况，合理设置一个工作日内的番茄时间段，尽可能将重要的工作放在精力充沛的时段。比如上午8：30~11：00，下午15：00~17：00等。当然，不一定所有工作都需要纳入番茄时间段里，要找到适合自己的工作节奏。

没有梦想，行动就毫无意义

人生是需要梦想的，万一实现了呢？没有抱持着梦想的人，他们不知道自己想要的是什么，总是茫然地生活着。确定自己的梦想，不论是对人生，还是对任何的行动，都是非常重要的。

生活中，许多人缺乏明确的梦想，他们看起来努力，总是不断地前进，却永远找不到终点，找不到目的地。没有梦想，行动没有焦点，即便竭尽全力，也得不到任何成就与满足。有些人把一些没有计划的活动错当成人生的方向，他们即便花费了很大力气，由于没有明确的梦想，最后还是哪里也去不了。

约翰·戈达德15岁时，偶尔听到年迈的祖母十分感慨地说："如果我年轻时能多尝试一些事情就好了。"对此，戈达德很是震撼，他下定决心不能到年老时还有像祖母一样没办法挽回的遗憾。

于是，他马上坐下来，详细列出了自己一生要做的事情——约翰·戈达德的梦想清单。他一共写下了127项详细明确的目标：包括8条想要探险的河、16座要攀登的高山；他

第6章
制订目标和计划，有方向的行动不拖延

甚至想要走遍世界上的每一个国家，还想要学开飞机、学骑马；读完《圣经》，读完柏拉图、亚里士多德、狄更斯、莎士比亚等10多位大学问家的经典著作；乘坐潜艇、弹钢琴、读完《大英百科全书》；结婚生子，等等。戈达德每天都看着这份梦想清单，将整份清单牢牢记在心里。

戈达德的这些目标，即便在今天来看，依然是不可企及的。然而，在戈达德去世的时候，他已经环游世界4次，实现了127项目中的100多项。他以一生设想并且完成了目标，他的人生成就照亮了这个世界。

乔布斯说："把生命的每一天当作最后一天来过。"虽然我们没有那么强烈的危机感，但是面对突如其来的天灾人祸，我们会发现人类在灾难面前是多么渺小，生命在受到威胁的时候是多么脆弱和不堪一击。想象一下，如果明年是我们生命中的最后一年，朋友们，你们有没有还没完成的理想，有没有还没来得及实现的愿望？让我们把今天作为期限，认真地写下自己的愿望，然后努力在今年年底之前一件一件地完成吧！

某大学曾经做过一个跟踪调查，主题是目标对人生的影响。当时，他们选择了一群智力、学历、生活环境等水平相当的人。通过调查得出一个结论：这群人只有3%有清楚而持久的目标，10%有短期而清楚的目标，60%没有清晰的目标，27%甚至没有目标。

然后，长达25年的跟踪调查开始了。

首先是3%有清楚而持久目标的人，他们从有了目标之后，再也没有更换过目标，都朝着自己的目标持续努力。通过25年的努力拼搏之后，他们成为社会上各个行业的精英人士，有的白手起家成为创业家，有的成了一个行业的楷模，有的则是社会精英。

其次是那些10%有短期而清楚目标的人，他们完成一个短期目标后，又订一个短期目标，就这样稳步前进。在25年之后，他们大多成为社会的中层人士，或是律师，或是工程师，或是医生。

再次是那些60%没有清晰目标的人，由于目标不太明确，他们只能平淡地生活着，尽管生活和工作都比较安稳，不过并没有太大的成绩。

最后是27%没有目标的人，他们没有目标，就好像失去了人生方向，生活得很糟糕，经常失去工作，有的甚至需要靠社会救济，永远生活在社会最底层。不仅如此，他们还喜欢抱怨。

也许你现在与别人差距不大，那是因为你们距离起跑线不远，而不是因为你比别人聪明，或者说上天眷顾你。你是属于那10%、60%还是剩下的部分，只有你自己最清楚。当然，希望你能努力成为那10%的目标清晰的人。

1. 分类列出梦想清单

可以分类记录心愿，比如，最想去旅行的10个地方，最想读的10本书，最想看的10部电影，最想吃的食物等。

2. 人生之旅从梦想开始

有人曾这样说，一个人无论他现在多大的年龄，其真正的人生之旅，是从有梦想那一天开始的，之前的日子，只不过是在绕圈子。要想获得成功，我们就必须拥有一个清晰而明确的梦想。梦想是催人奋进的动力。如果你缺失了梦想，即使你每天不停地奔波劳碌，也还是无法获得成功。而成功者之所以能走向成功，那是因为他们有一份自己的梦想清单。

3. 有梦想就有了动力

在生活中，一旦我们确立了清晰的梦想，也就产生了前进的动力，所以梦想清单不仅仅是奋斗的方向，更是一种对自己的鞭策。有了梦想，我们就有了生活的热情，有了积极性，有了使命感和成就感。有清晰梦想的人，他的心里会感到特别踏实，生活也很充实，注意力也随之神奇地集中起来，不再被许多烦恼的事情所干扰。他懂得自己活着是为了什么，所以，他的所有努力都围绕着一个比较长远而实际的梦想进行，从而一步步走向成功。

小贴士

列出梦想清单，这样做的最终目的是帮助自己感受"做喜欢做的事是什么感觉"。通过尝试那些你认为可能会喜欢的事情，让自己真正了解自己的长处，自己的核心竞争力是什么，还有什么远大的目标值得自己去追求。

心理拖延症

制订计划，不妨从本周开始

上天是很公平的，每天给每人的都是24小时。不过，同样是24小时，不同的人会有不同的效率。比如，有的人善于合理安排自己的时间，工作、生活有条不紊，做事效率也高；而有的人却反之，不会合理安排时间，整天忙作一团，做事毫无效率可言。当我们需要合理安排时间的时候，不妨以一周为单位，在制订计划的时候，需要清楚一周内所要做的事情，所要达到的目标，然后制作一张日作息时间表，在表上填写那些必须花的时间，比如吃饭、睡觉、娱乐等。安排完这些时间之后，选定合适的、固定的时间用于工作，一定要留出足够的时间来完成领导布置的工作任务。

张雪是一名在校大学生，为了更好地学习，她决定做一个学习计划。在她看来，不论做什么事情，都需要做好周密的规划。想要有效地学习，就需要做一个行之有效的学习计划，这个计划就好像战略一样，指引着自己的行动。

尽管在这之前，张雪并没有做过时间计划表。但是通过一个阶段的学习，张雪觉得应该合理安排自己的时间，毕竟对她而言学习是很重要的任务。只有做好了学习计划，学习生活才会更充实。

于是,张雪做了这样的一周学习计划表:

日期	时间			
	8:00~12:00	14:00~17:00	19:00~21:00	22:00~23:00
周一	上课认真听老师讲课,尽可能做好笔记,利于课下复习	做现代汉语作业	上晚自习,复习白天学习的课程,预习明天的课程	阅读名著
周二		做古代汉语作业		
周三		研读《现代美学》		
周四		研读《逻辑学》		
周五		研读《现代汉语》		

以上是周一至周五的时间安排,也是一个初步的分配,其余的零散时间作为机动时间,视情况而定。至于周六、周日,采取劳逸结合的方式。周六:外出游玩;周日:看电影、学习、待在寝室休息。

看一份计划好不好,关键在于执行,执行力是最重要的。因此,张雪决定好好地去执行自己所做的计划,每天检查自己是否完成了。

在制订一周时间计划表之前,我们需要统计非工作的活动以及这些活动所占用时间的总量,千万不要去占用这些时间来工作,比如吃饭、睡觉、做家务及其他活动时间,周六、周日晚上,用来社交或娱乐活动的时间。对于这些时间,我们需要做到心中有数。记住,这个步骤很重要。之所以不要把这些时间用来工作,也是为了更有效率地做事。否则,工作之外的诱惑力肯定会占了上风,若你不得不强迫自己把这些非工作时间用来工作，那效果也不会很大，就等于做了无用功。

一周时间计划表可用于计划工作的时间及其分配，把计算出的工作时间总量分配到一周的每一天中去，并做出每周工作时间表。坚持做时间记录，观察时间利用的数据，可以让我们更容易感受到时间的流逝，更客观地安排时间，从而提升自我。

不过，我们还需要注意这几个问题：

1. 确定最佳时间段

确定一天之内哪段时间你的状态最好，大脑最敏捷，将这段时间用于工作。因为生理条件和生活环境、习惯的不同，人们的生活节奏也往往是不相同的。有的人工作的最佳时间是在上午，有的人是在下午，还有的人感觉晚上做事效率最高。因此，在了解自己的最佳时间段之后，将最重要的事情放在最佳状态时间去做，往往能取得高效率的回报。

2. 休息时思考

在下班之后，我们应努力做到休息时思考。这段时间十分特殊，我们的思路依然围绕在先前的工作上，工作的内容自己还很清晰，方案也都记得比较清楚。这可以说是思考效果最佳的黄金时间，这时总结出的工作技巧很容易记住且易于强化，而我们的理解力和记忆力也可以由此得到加强。当然，最重要的是检查自己是否完成规定的任务。我们可以制作一张自我监督表,并把这张表贴在墙上或夹在笔记本里,至少保存3个星期。

3. 避免连续工作2小时

在工作过程中,我们要避免连续工作超过2小时而不中断,中途应该安排适当的休息时间。研究表明,人们采用工作—休息—工作的方式,比工作—工作—工作的方式效率高。一直不停地工作不一定能达到预期的效果,中途适当休息一下才是最好的工作方式。所以,在连续工作超过2小时之后,我们应该从座位上站起来,伸伸懒腰,捶捶腿,吃点东西,或者向远处看看,转移一下自己的注意力,同时也让我们的眼睛得到休息。

小贴士

精确记录一周的活动时间,看一周的时间分配情况。把每一天从早到晚每个时段所做的事都记在笔记本上,具体到分钟,这样的记录会让时间利用效率大大提高。当你每天看这些记录,就会有一种充实感和成就感。

找对方法,别一味地瞎忙

做事持之以恒,有毅力,肯努力,这些都是优秀的品质。然而,方法比瞎忙更重要。抓不住事情的关键所在,只知道埋头干事的人,最后只能像贾金斯一样,白费气力,最终也解决不了问题。

某建筑公司为一栋大楼安装电线,但很快遇到了难题。原来,他们需要把电线穿过一条砌在砖石里且拐了5个弯的长20米、直径3厘米的管道,这简直是不能完成的事情,怎么办呢?

一位装修工非常聪明,总喜欢出一些奇妙的主意。他先到市场上买回来一公一母两只白鼠。然后,他将绑了电线的公鼠放在管道的一端,另一名工作人员把母鼠放在管道的另一端,然后轻轻地捏它,让母鼠发出叫声。在管道一端的公鼠听到母鼠的叫声,便会沿着管子去找它,这样绑在它身上的电线便会沿着管道铺好,等到公鼠和母鼠相见的时候,电线也成功穿过管道了。

每个人都要努力做到:用脑去想,用心去做,学会思考,学会发现问题、解决问题,学会认认真真地做好每一件事。聪明地做事，好机会就会来到你的身边。很多人都只专注于自己的欲望，一味忙碌地工作，以至于没有工夫来思考少花时间和精力的方法。缺乏思考能力和做事方法的人，他们往往事倍功半，费力不讨好。

贾先生是一个喜欢帮忙却不喜欢动脑筋的人。有一次，他在走路时发现有个人正要将一块木板钉在树上当搁板，他乐于助人的心又被唤起了。他走过去，说："我觉得你应该先把木板锯一下再钉上去。"于是，他先去找来锯子，不过刚锯了两三下就觉得锯子不够快，应该磨一下。

他又转过头去找锉刀，但是锉刀缺少一个顺手的手柄，他又忙着去找手柄。他找了半天也没找到，不如自己做一个吧，他又去灌木丛中寻找小树，正要砍树时发现斧头不够快。而磨斧头需要将磨石固定好，这又需要制作支撑磨石的木条。制作木条少不了木匠用的长凳，可这没有一套齐全的工具是不行的。于是，贾先生到村里去找他所需要的工具，然而这一走，就再也不见他回来了。

无数的实践经验证明了这一点：单纯地努力工作并不能如预期的那样给自己带来快乐，一味地勤劳并不能为自己带来想象中的生活。懂得思考，掌握方法，这是做事最关键的一点。身处于竞争激烈的社会中，同样一项工作任务，有的人可以十分轻松地完成，而有的人还没有开始就时不时出现这样或那样的问题。其中的关键，就在于前者用大脑工作，善于想方法去解决问题。只有在工作中主动想办法解决困难、问题的人,才能成为公司中最受欢迎的人。

在生活中,我们不可能总是一帆风顺,当遇到难题的时候,绝对不应该一味蛮干,而要多动些脑筋,看看自己努力的方向、做事的方法是否正确。

从前有一个人,家里十分贫穷,吃不饱穿不暖,他给国王做了多年的役工,累得疲惫不堪。国王见他太可怜,就将一峰死骆驼赏赐给他。得到国王赏赐的东西,他非常激动,自己很久没有开过荤了,想马上品尝肉的滋味。他先是动手给骆驼剥皮,但是家里的刀子太钝,他又去找磨刀石磨刀,终于在楼上找到一块。他先是在楼上磨刀,然后下楼来割皮,就这样反复上楼下楼,来回磨刀,来回割皮。

后来,他实在太累了,不想再这样一次又一次地反复楼上楼下地跑。他决定将骆驼吊到楼上去,这样可以在楼上磨刀,就近剥皮。但是,楼梯太窄,不管他怎么使劲,依然不能成功地将骆驼搬运上去。

看完这个故事,有人会讥笑这个役工,认为他头脑愚钝,不懂变通。然而,他不正是生活中许多人的真实写照吗?从小到大,在我们的美德中,努力与坚持都占据重要的位置。我们无一例外地被教导过,做事情要有恒心和毅力。"只要努力,再努力,就可以达到目的。"这样的观念根深蒂固地存在于很多人的头脑里。

对于现实中的人来说，在学习和工作中，努力是好事情，但是光努力是不够的，还要多动脑、多思考，这样才能真正做出成绩。要善于观察、学习和总结，一味地苦干，只埋头拉车而不抬头看路，结果常常是原地踏步，明天将仍旧重复昨天和今天的故事。

小贴士

人活于世，仅仅知道做什么是不够的，因为人的命运取决于做事的结果，而结果取决于做事的方法。不掌握正确的做事方法，到头来只能是无用功。正确的方法比执着的态度更重要。调整思维，尽可能用简便的方式达到目标，选择用简易的方式做事，这才是聪明人的做事方法。

拟订目标，制订行动计划

古语云："凡事预则立，不预则废。"在行动之前要有目标，但仅仅有个目标还不够，在把理想铺筑成现实的道路上，还应该做好规划。规划绝非只是一种前景目标、一张蓝图，它更是你行动的路线图。可以说，目标就像看得见的靶子，每个人都能看到，大家都在朝它开枪，但并不是谁都能打得快且准。

做事没有什么捷径，主要还是靠勤奋踏实，尤其是制订有效的行动计划。在拟定目标的时候，坚持每天制订行动计划为了实现目标，制订计划后就要努力去实现它，这样才能使自己离目标越来越近。我们在做事前有了计划，就会把自己的行为置于计划之中，这样就有了明确的目的。当然，生活总是千变万化的，总有某些变故会干扰到我们的计划，会打乱我们的计划，这其实就是理想的计划和实际生活之间的矛盾。在这个长期的磨合过程中，我们的意志会越来越强，并能继续坚持自己的计划，直到计划达成的那一天。

阿诺德·施瓦辛格说："一个人应该有远大的目标，在追逐目标的过程中稳步前进，一步一个脚印，一定能成功实现目标。"

施瓦辛格从小生活在贫民窟，是一个不折不扣的穷小子。当时他瘦弱不堪，但在心里暗暗立下目标：长大后成为美国总统。

一个10多岁的穷小子，怎么可能成为美国总统呢？小小年纪的施瓦辛格思考了好几天，拟订了一个详细的计划：美国总统通常由各大州州长竞选，那么先做州长，而竞选州长则需要很多财阀的支持，获取财阀的支持就需要融入高层生活，要融入高层生活就要成为名人，而成为名人最快速的方法就是成为电影明星。那就先从电影明星做起吧，施瓦辛格开始锻炼身体，让自己身体强壮起来。

如何锻炼身体呢？偶然间，他看到著名的体操运动主席库尔，灵感迸发：强身健体可以通过练健美操实现。他开始日复一日地练习健美操，渴望自己成为身材最标准的男人。就这样持续了3年，施瓦辛格锻炼出发达的肌肉和强壮的体格，成为远近闻名的健美先生。

通过各种走秀，他的名字开始风靡美国乃至整个世界。没过多久，22岁的施瓦辛格如愿进入好莱坞。混迹演艺圈的数年间，他凭借健美的身材，塑造了一个又一个耀眼的硬汉形象，开始成为闻名世界的明星。恰在这时，交往9年的女朋友家里总算同意了他们的婚事，他的女朋友是赫赫有名的肯尼迪总统的侄女。

过了十几年，施瓦辛格与太太生育了4个孩子，拥有一个美满幸福的家庭。2003年，57岁的施瓦辛格退出影坛，转而从政，并成功地竞选成为美国加利福尼亚州州长。

志存高远，这是一直被我们推崇的。但是在现实中，仅仅有一个清晰的目标还远远不够。就如阿诺德·施瓦辛格一样，如何开动脑筋，尽快突破小目标，实现大目标，才是我们最应该重点思考的问题。纵观阿诺德·施瓦辛格的成功经历，我们可以总结出这样一句话：从大处着眼，从小处着手，化整为零地循序渐进。很多人都妄想自己能一步登天，一夕成名，一下子便成为一个亿万富翁；有目标、有憧憬是好事，但善于规划才是硬道理。

1. 制订计划

许多人说自己很无奈，要做的事情太多，每次面对这么多事都无从下手，其实造成这个现象的最大原因就是没有计划性。制订一个计划可以快速提升做事效率，在有限的时间里最大限度地完善自己的不足之处。比如，制订日计划和周计划，将计划与事情相结合：每天哪个时间段做什么事，在多长的时间内应该做完这件事，用多久的时间来进行检查，到什么样的程度即可，等等。

2. 合理安排哪个时间段该做什么事情

坚持计划，就是保持过去适合自己的做事时间不动摇，一次失败并不能否定你之前制订的有效计划，只有每天按照自己制订的计划坚持下去，才会达成自己的目的。

3. 短期和长期计划相结合

我们在开始做任何事之前，都需要为自己制订一个周密的计划。短时间的，比如3小时工作时间，分成若干个时间段，每段时间做哪个方案，如此计划好；长时间的，比如看课外读本，半个月的时间看完一本书，每天看几页，一天中的哪个时间段适合看书，这些都需要写在计划里。

4. 早晚预习和检查自己的计划

每天早上醒来，躺在床上闭着眼睛，想想这一天有哪些事情要做。把这一天的时间都计划好，然后按照自己的计划去严格执行。晚上睡前检查一下，今天的计划是不是都完成了，完成的结果是不是让自己很满意。就这样，每一天、每一周、每个月，早晚都预习和检查自己的计划，这样才能切实地提高自己的做事效率。

5. 善于安排时间

同样是一天，不同的人会有不同的效率。比如，有的人善于科学地安排自己的工作时间，工作和生活井井有条，所显示的效果也很好；有的人却相反，整天瞎忙一团，工作和生活毫无规律可言。对此，我们要清楚自己一周之内需要做的事情，然后制订一张日作息时间表，在表上填一下非花不可的时间，比如吃饭、睡觉、工作、娱乐等。

小贴士

　　当然，当你制订好一份计划之后，还需要及时调整。当计划执行到某一阶段的时候，需要检查自己的工作效果，并对原计划中不合适的地方进行调整。而且，计划制订之后需要坚决执行，否则前面所做的就是无用功。对于那些喜欢拖拉的人而言，坚定执行计划是极具挑战性的。一定要记住：抓住今天，今天的事情今天完成，不要总安慰自己明天一定会完成。

第7章

20 秒法则，想得再多不如立即去做

有了计划之后，那就坚持20秒规则，直截了当地行动吧！别总是给自己留后路，告诉自己"以后还有机会""时间还有大把"，一旦制订好了计划，就没有了后路，唯一的出路就是马上行动。

要实现目标，就要马上行动

曾有人问一个做事拖沓的人："你一天的活是怎么干完的？"这个人回答说："那很简单，我就把它当作昨天的活。"这就是拖沓的习惯。其实，拖沓岂止是把昨天的活拖到今天来干，有人给拖沓下的定义为：把不愉快或成为负担的事情推迟到将来做，尤其是习惯性这样做。一个做事拖沓的人，生活中大部分时间都被浪费了，做一件事需要花很多时间来思考，担心这个或担心那个，或者找借口推迟行动，但最后又为没有完成任务而后悔，这就是拖沓者典型的特点。拖沓对于成功来说，是一块讨厌的绊脚石，拖沓的习惯会阻碍任务的完成。所以，要想获得成功，就需要立即向目标奋进，拒绝拖沓。

说到拖沓的习惯，相信许多人都不陌生，因为在平时生活中，随处可以见到它的身影。在该工作的时候上网冲浪，总是对自己说："明天再去做吧。"但是，正所谓"明日复明日，明日何其多"，在拖沓的过程中，我们错过了许多实现目标的机会。

1. 做完事情再玩

假如你觉得自己很有工作能力，可以在很短的时间内将比较困难的事情做完，那就应该在接到工作任务时马上动手做，这样你完成事情之后就可以玩得更开心，而不是在玩时总想着工作的事情。

2. 给自己定期限

即便你认为时间的紧迫感可以令自己超常发挥，也需要给自己制订一个期限。假如你曾经有过几次临时抱佛脚的经历，却屡遭失败，那最好还是不要尝试这种方法。

3. 学会时间管理

如果你经常被琐事烦恼，那就应该学会时间管理，最简单的方法就是明确自己的目标，经常想想如果不做这件事对自己以后有什么影响。当你有了时间管理观念之后，往往能够及时地完成事情。

小贴士

通常来说，一个人成就的大小取决于他做事情的习惯，克服拖沓是做事情的一个重要技巧。我们要想完成既定目标，取得成功，就应该培养做事不拖沓的习惯。一旦养成了这个习惯，"完成目标，马上行动"就会成为一件自然而然的事情。

先做最重要的事

1897年，意大利经济学家帕累托从大量具体的事实资料中发现：社会上20%的人占有80%的社会财富，即财富在人口中的分配是不平衡的。所以，"二八定律"成了许多不平衡关系的简称。一个人的时间和精力都是十分有限的，若想真正"做好每一件事情"几乎是不可能的，要学会合理分配时间和精力。

时间观念的改变，会使一个人的生活更丰富、更充实，在管理时间、利用时间的过程中，你的做事效率必定会有很大的提升。时间对于每一个人来说，都是无法挽留的，它就像东逝之水，一去不复返。

全美事务公司的创办人亨瑞·杜哈提说："不管我出多少钱的薪水，都不可能找到一个具有两种能力的人。这两种能力是：第一，能思考；第二，能按事情的重要次序来做事。"我们想要永远按照事物的重要次序做事可能并非那么容易，但是假如制订好计划，先做计划上的第一件事，那绝对比我们随便做事情要有效率得多。

查尔斯·卢克曼成功的秘密，在于他兼具亨瑞·杜哈提

第7章
20秒法则，想得再多不如立即去做

所说的两种能力。从卢克曼记事开始，他每天早上5点钟起床，因为在那个时间段他的头脑比其他时间都清楚。这样一来，卢克曼可以比较准确地计划一天的工作，按照事情的重要程度来安排做事的先后顺序。

就这样，卢克曼最终在12年后由一个初出茅庐的小伙子一跃成为派索登公司的总裁。

萧伯纳也曾经拟订了计划，每天至少写作5页，即便是在最贫穷的那段日子，他依然坚持完成每天5页的工作量，就这样他写了9年。尽管9年里他只赚到了30美元，大约每天只赚了1美分，但他却成为举世闻名的戏剧家。假如他不是按照事情的重要程度来安排做事的先后顺序，那他估计只会成为银行出纳而非戏剧家。

富兰克林·白吉尔也是因为坚守这个良好的习惯，所以赢得了成功。他堪称美国最成功的保险推销员之一。他不会像卢克曼一样在早晨5点计划自己当天的工作，他往往会提前一天就计划好，甚至为自己定下一个目标——每天卖掉多少保险。假如这个目标没有完成，那差额就累积到第二天，以此类推。

美国钢铁公司前董事豪厄尔认为，工作时最令人头疼的事情就是开会，好像每一次开会都需要商讨大半天，有时候甚至是一天。尽管每次开会都会商讨一些事情，但是往往开一天会下来也无法达成决议。最后，大家都很疲惫，却不得不将会议上的资料带回家继续研究。

豪厄尔觉得这种无效的会议是不妥当的，既浪费时间，又浪费精力。后来，他想到了一个绝妙的主意，那就是每次开会只讨论一件事，之后得出结论，不拖沓，不浪费时间。当然，开一次会议需要准备很多资料，但是在开始讨论下一个问题之前一定要达成一个决议。公司董事会听从了这个建议，并按照这个方式开会，结果大大提升了开会的效率，带来的改变也是非常有效的。

在后来的会议上，曾经的那些悬而未决的问题全部有了结果，再也没有未完成的工作。会议结束后，董事们可以轻轻松松地下班，再也不用带资料回家。心情轻松了，工作效率也有所提升。

确实，这真是一个绝妙的主意，不但适用于美国钢铁公司的董事们，也同样适用于生活中为工作烦恼的我们。

1. 把工作分类

工作大致可以分两类：一种不需要思考，可以直接按照熟悉的流程做下去；另一种必须集中精力，一气呵成。对于这两类工作，所采用的方式也是不同的。对于前者，我们可以按照计划在任何情况下有序地进行；而对于后者，必须谨慎地安排时间，在能够集中精力而不被干扰的情况下进行。

2. 定时完成日常工作

我们每天都需要做一些日常工作，比如打扫卫生，保持一个良好的工作环境；查看电子邮件，与同事或上司交流；浏览网页，等等。那么，每天预定好时间集中处理这些事情，通常安排在上午或下午开始工作的时候，而在其他时候就不要做这些事情了。

3. 及时寻求帮助

对于熟悉的工作和操作，需要加快速度，保质保量完成。对于自己工作中不太熟悉的内容和任务，及时向同事或上级寻求帮助，以加快工作进程。

小贴士

当一天结束时，时间不会留作明天待用。一个想要有所作为的人，必须学会有效地安排时间，有效地利用时间，更为重要的是优化自己的时间观念，提升自己的做事效率。

做事，心动更要行动

　　生活中，我们总是有希望而不去抓住，有计划而不去执行，坐视各种希望和计划慢慢地离我们远去。行动就是力量，一万个空洞的说教远不如一个实实在在的行动。如果你真的下定了决心并且立刻去做一件事，你的梦想往往会实现。

　　成功者的成功，要么给我们以莫大的成功动力，要么给我们以莫大的压力。成功者都是普通的人，唯一的差别在于他们比其他普通人多做了某些事情，于是他们成功了。我们之所以还在幻想成功，是因为现状还没有将我们逼上绝路。篮球场上得分最多的人通常是投篮次数最多的人，同时也是投篮而没有进球的次数最多的人。大量的行动可能包含大量的失败，但同样包含大量的成功。重要的不是有多少次失败，而是得到了多少次成功。

　　机会稍纵即逝，所以，把握时机确实需要眼明手快地去"捕捉"，而不能坐在那里等待或拖延。西谚说："机会不会再度来叩你的门。"徘徊观望是我们成功的大敌，许多人都因为对来到面前的机会没有信心，而在犹豫之间把它轻轻放过了。"机会难再"，即使它肯再来光临你的门前，假如你仍没有改掉你那徘徊瞻顾的毛病，它还是照样会溜走。

我们每个人或多或少都有拖延这一不良习惯。拖延是一种危害人成功与发展的不良习惯。试想一下，如果你拖延了一件事，那必定要占用之后处理其他事情的时间，如此积累，你将拖延多少事，浪费多少机遇，造成多大的损失呢？不仅如此，拖延的习惯还会滋长人的惰性，一旦产生了惰性，人便失去了前进的动力。拿破仑因为下属的迟到而导致兵败滑铁卢，我们又会因为拖延失去什么呢？

"决不拖延"就意味着高效率地工作，是在相应的时间处理相应的事。拖延是一种顽固的不良习惯，但绝不是不可改变的天性。一旦你摒弃了拖延的毛病，那你就等于成功了一半。

人生所有的理想和目标都是在付诸行动后才实现的。如果不行动就不会有任何收获。因此，当你有一个好的计划时，应立即开始做，只有在做的过程中才能发现问题，才能具体解决，才能把梦想最终变为现实。当你的决心燃起心灵行动的火花时，你就要想尽一切办法去实现你的愿望；而一旦你的梦想变为事实时，你的自信心便会增强，会促使你在下一次行动时更得心应手，这样就形成了良性循环。

1. 快速行动

即便你具备了知识、技巧、能力、良好的态度与成功的方法，懂得比任何人都多，你也可能无法成功，因为你还没有行动。即便你行动了，也不一定会成功，因为你太慢了。在现代社会，行动慢，等于没有行动。你只有快速行动，立刻去做，比你的竞争对手更早一步知道、做到，你才有成功的机会。

2.快速执行计划

人生总是有很多的机会，但总是稍纵即逝。我们当时不把它抓住，以后就可能永远失去了。有计划没有什么了不起，能快速地执行定下的计划才算可贵。成功的人生就是持续不断地向自己发出闪电般的挑战，恒久追寻生命最为壮丽的美好未来。成功的重要秘诀就是，在最短的时间内采取最大量的行动。

小贴士

机会来临时不要犹豫，马上行动，这是你走向成功的必经之路。比尔·盖茨说："你不要认为那些取得辉煌成就的人有什么过人之处，如果说他们与常人有什么不同之处，那就是当机会来到他们身边的时候，立即付诸行动，决不迟疑，这就是他们的成功秘诀。"

抱怨毫无意义,不如付诸实际行动

英国著名作家奥利弗·哥尔德斯密斯曾说:"与抱怨的嘴唇相比,你的行动是一位更好的布道师。"面对生活里的一丁点不如意,有些人的习惯是抱怨,不停地抱怨,抱怨父母不理解,抱怨社会太现实,抱怨朋友的欺骗,于是抱怨成了一种习惯。然而,那些不如意的事情、悬而未决的事情并没有得到真正的解决,自己的情绪反而因为抱怨而陷入了恶性循环,这就是抱怨所带来的负面影响。我们所生活的世界每天都在发生变化,关键是,我们自己给这个世界带来了什么样的变化?

从前,有一位年老的大师,他身边有一个喜欢抱怨的弟子。有一天,大师让这个弟子去买盐,等到弟子回来后,大师吩咐这个喜欢抱怨的弟子抓一把盐放在一杯水中,然后喝了那杯水。弟子按照大师的吩咐一一做了。大师问道:"味道如何?"龇牙咧嘴的弟子吐了口唾沫,说道:"咸!"

大师一句话没说,又吩咐弟子把剩下的盐都撒入了附近的一个湖里。听从师傅的吩咐,弟子将盐倒进湖里。大师说:"你再尝尝湖水。"弟子用手捧了一口湖水,尝了尝,大师问道:"什么味道?"弟子回答说:"味道很新鲜。"

大师继续追问："那你尝到咸味了吗？"弟子回答说："没有。"这时，大师才微微一笑，说道："其实，生命中的痛苦就像是盐，不多，也不少。在生活中，我们所遇到的痛苦就这么多，但是，我们体验到的痛苦程度取决于将它放在多大的容器里。所以，面对生活中的不如意，不要成为一个杯子，老是抱怨，而要成为湖泊，去包容它，通过实际行动来改变自己的现状。"弟子若有所悟地点点头。

什么是抱怨呢？有人说这是一种宣泄，以求达到心理平衡，似乎抱怨可以将那些不如意的事情发泄出来。每天，每个人可能都会面对许多不如意的事情，如果只是一时抱怨，这还可以接受；但是，有时候抱怨久了就会形成习惯，而抱怨的根源是对现实的不满意。

小王是公司负责企划案的经理，最近，她手头刚刚接了一个企划案，需要另外一个部门的配合才能有效地执行方案。可是，令小王感到苦恼的是，自己的搭档因为觉得附加的工作量太多，不愿意去做，还责怪小王："我最近都很忙啊，你拿这样的企划案来找我，真是没事找事。"小王心中一肚子怒火，忍不住找同事抱怨："咱们都是为工作，我们行，她怎么就不行呢？"说着说着，小王发现自己的怒火越来越大，甚至一看见那个部门的员工，心中的火气就"腾"地一下冒起来了。

不过，事情并没有解决，小王也意识到这根本不能解决问题，自己需要沟通。她心想：抱怨毕竟只是发泄，解决不了问题，既然是为了工作，那就要对事不对人，我得找她沟通去。后来，小王找了一个机会把自己的意图跟工作中的搭档解释了一下，对方竟欣然接受了即使加班也要完成工作的要求。工作任务完成之后，小王长长舒了一口气，说道："如果当初我继续抱怨下去，就会影响我跟她继续合作的情绪，工作肯定完成不了，看来，以后我得少抱怨多行动才行呐！"

有时候，我们在工作中会遇到一些人际麻烦，有的人的处理方式是向其他人抱怨，这无疑是制造了一个"三角问题"：自己和工作搭档有问题，却和另外一个人去讨论这些事情。事实证明，一味地抱怨根本解决不了问题，改变事情现状最有效的方式是行动，只有行动才能改变结果。所以，请停止抱怨、放弃抱怨，立即开始行动吧！

1. 过分抱怨会令人丧失行动力

阿尔伯特·哈伯德曾说："如果你犯了一个错误，这个世界或许会原谅你；但如果你未做任何行动，这个世界，甚至你自己都不会原谅你。"抱怨，它只是一种语言，而不是行动，当一个人过多地被语言困扰的时候，他会失去行动力。当然，将抱怨转化为动力，我们还需要拥有广阔的胸襟，只有看透了抱怨的实质，我们才有可能将怨气化为动力。

2. 行动比抱怨更有效

来到这个世界上，面对生活中的诸多不如意，我们只有两个选择，要么接受，要么改变。抱怨会成为我们接受事实的一个阻碍，我们总是想到：这件事对我是不公平的，这样的事情怎么会发生在我的身上呢？我怎么能接受这样的事情呢？由此，一种强烈的倾诉欲望开始萌发，我们要去对别人诉说，以此证明我们的无辜和委屈。于是，在我们抱怨的时候，我们已经失去了改变这件事的机会。当我们无休止抱怨的时候，为什么不去想想比抱怨更好的解决方法呢？

小贴士

对于部分人来说，每天总是离不开抱怨这样或那样，这些情绪会逐渐形成负面的改变。对此，心理学家认为，学会关注他人，尊重他人，与他人礼貌地沟通和交往，则会形成积极的改变。所以，停止抱怨，将这样一种怨气化解于实际行动中吧！

第8章

做好时间管理，用高效做事抵抗拖延

明明想看书，却看了电影；看着电影，却又想着看书，为什么总是管不住自己呢？事实上，每个人所拥有的时间都一样，不一样的是每个人花费时间做的事情。做好时间管理，持续高效地做事，会逐渐提升我们的自控能力。

掌握时间管理中的平衡法则

玛丽从事采购工作,她经常利用下班时间学习新知识,或者与同行交流沟通,但闲暇时间有限,常让她觉得自己忽略了家庭。如何平衡两者之间的关系,成了玛丽的苦恼。

每个人在家庭和工作之间都有一杆秤,二者之间权重的多少并没有统一的标准。每个人的价值观不同,就会有不同的权重。当我们在清楚了自己内心需要和价值倾向后,在工作、家庭、闲暇之间的精力、时间的分配自然更加游刃有余。

王先生来自偏远的山区,用光了家里所有的钱,挤进了大学的门槛,到大学毕业时,他已经是负债累累。虽然品学兼优的王先生通过老师的介绍获得了一份不错的工作,但他并不满足普通的职位,同时,自己读书欠下的债也成为他拼命工作的动力。早上他是第一个到办公室,下班了,他又是最后一个离开办公室的。在无数个深夜,他孤身一个人待在办公室,思考一个企划案,或着手一个新产品的研发。当然,付出是有回报的,王先生很快晋升为管理层,也还清了所有的债务。就在这时,他结识了一位女士,组建了一个幸福美满的家庭。

这样看起来,王先生的生活算是美满幸福了,但王先生并没有放松下来。每天，他依然是公司最拼命的一个，妻子每每抱怨："你已经很久没陪我们去公园了，我们一家人从来没去旅游过。"这时王先生总是以惯有的口吻说："我这样还不是为了这个家！"妻子辩解："可我们已经不缺什么了，我和孩子唯一缺的就是你，再富足的物质生活也比不上一家人在一起啊！"妻子的话还没说完，王先生已经西装革履地出门了。

这天，加班到凌晨一点的王先生回到家里，竟然发现妻子带着孩子走了，桌上只留下一个地址。第二天，王先生破天荒地向公司请了假，按照妻子所给出的地址，赶去一看，没想到竟然是一处山清水秀的森林公园。远远地，王先生看到妻子、孩子，还有自己白发苍苍的老母亲坐在一起，孩子嬉戏着，妻子则和母亲聊着天。看着这样的景象，王先生的眼睛湿润了，在那一刻，他明白了很多。

从此以后，王先生不再是拼命三郎了，他从自己工作的时间里抽出一部分陪家人和朋友，在这段时间里，他才发现生活是多么美好、多么轻松！

若一个人拼命工作到忘记了家人和朋友，那么，尽管他的物质生活是富足的，其精神生活却是一片贫瘠，他的内在心灵更是一片荒芜的花园。因为他不懂得享受生活，自然感受不到来自生活的快乐。工作的功利性目的是挣钱，但这并不是其最终的目的，享受生活才是挣钱的最终目的。

为了给家人和自己创造更好的物质条件，许多人经常在办公室挑灯夜战，或者从来不出门旅游。这样拼命工作的人其实已经忽略了生活的美好，更何况工作得多也并不意味着应该受到表彰或加薪。

1. 过度工作反而不好

过度工作很有可能会降低自己的工作效率、消磨自己的创造力，甚至对你与家人和朋友的关系产生负面影响。尽管，有激情、有梦想是上天赐予自己的礼物，为自己热爱的事业而努力更不会是一种错误。

2. 学会享受生活

享受生活是人生的特殊体验。在越来越喧嚣的尘世中，我们逐渐背离了享受生活的本质。在拼命工作的过程中，我们变得越来越提得起放不下，为享受而享受，把挣钱、占有当作享受的终极目的。这样一来，生活中感受到的是苦多乐少。

小贴士

我们的休息也很重要，除去忙碌的工作时间以外，我们应该更多地享受生活，享受与家人朋友待在一起的感觉。这样我们才能收获更多来自心灵深处的快乐。其实，享受生活是一种感知，品味春华秋实、云卷云舒，一缕阳光、一江春水、一语问候、一叶秋意都是生活里醉人的点点滴滴。

第8章
做好时间管理，用高效做事抵抗拖延

如何做好碎片化时间管理

现代社会已经进入信息碎片化时代，碎片化学习、碎片化阅读、碎片化生活日益成为热门话题。时间的碎片化改变了学习、工作和生活习惯，对时间管理发出了新的挑战。

莉莉总是抱怨自己太忙，白天工作，加班是常态，晚上回家还要带孩子，完全没有自己可利用的时间；小董工作后打算自学英语，但工作以外根本没有大段的时间来用于学习，时间总是这里挤一点、那里挤一点，完全没办法静下心学习；露西对未来感到很迷茫，生活的压力、提升自我的紧迫感、疲惫的身体、碎片化的时间、琐碎的事情，让她时常有一种不知所措的感觉。

碎片化时代的来临，导致时间出现碎片化的趋势。在繁忙的工作之余、疲惫的生活之余，那些没有安排工作、没有被计划、零散的、规律性较差的时间，就是我们所说的碎片化时间。信息时代，注意力也可以成为新一轮的经济热点。这源于互联网技术和电子终端的普及，我们每天总是被海量信息包围，应对手机、电脑、平板上无处不在的信息冲击。不管是热点新闻、娱乐八卦、学习培训，还是网络社交，都在不断地牵扯着我们有限的注意力。上班、学习、社交、娱乐休闲,不管是工作还是生活,好像永远有做不完的事情。虽然每天忙碌不堪,但收获不多,沉淀不够。人们的注意力不断被转移和分配,我们对时间的感知也变了,时间被碎片化了。

碎片时间有些是长期存在,如上下班的通勤时间,这是两个任务之间的缓冲环节,是客观形成的。还有部分碎片时间是人为造成的,比如,本来应该一小时完成工作,但一会儿接电话,一会儿回短信,一会儿上厕所,结果一小时被人为地切割成许多小碎片,这不仅影响了工作效率,还会让自己感到焦躁不安。

当然,对个人而言,碎片时间是存在差异的,有人集中在白天,有人在晚上,有的甚至会出现周期性变化。但是,别小看这些小块时间,它们的可塑性是极强的,特别是那些人为制造的碎片时间,按照某种顺序或规律,完全可以组合成一段可以利用的时间。

1. 碎片化时间对自己的意义

尽管碎片化让我们变得焦虑不安,但我们必须适应并坦然接受。当然,利用碎片化时间的目的是使时间价值最大化,不过价值需求因人而异。有人利用碎片化时间来放松心情、调节状态,有人用来学习知识,有人用来社交。所以,要明白碎片化时间对自己的意义,才有机会对其进行挖掘。

2. 分析碎片化时间

根据自己的实际情况，分析其分布规律，是早上、下午或晚上，还是周末节假日。梳理好碎片时间，安排自己在这些时间里做些什么，尽量避免被其他事情转移注意力。假如短期的碎片化时间缺乏规律，那就拉长时间具体分析，找到其中的规律。

3. 利用好碎片化时间

当然，我们需要避免人为制造碎片化时间，提高工作效率。在自己注意力最集中、效率最高的时间段做最重要的事情。可以在碎片化时间里看新闻、看视频、听音乐、在线听课，这些内容时间短、灵活性强，分阶段学习对效果影响较小。

小贴士

时间碎片化是一种现象，但并非不可控。很多时候，我们需要关注的是自己，而不是时间。管理好自己的注意力，才能更好地利用碎片化时间，按照个性需要，制订碎片时间高效利用策略，发掘碎片时间最大的价值。

待办事项中，到底先做哪件事

最近很流行一句话：为什么生活了几十年，还是一无所获？你是否同时在进行几个方案，不过似乎无法全部完成？你是否因为顾虑其他的事情，而无法集中精力来做眼前的事？假如工作被突然中断，你是否感到非常生气？你是否每天回家时感到疲惫不堪，但好像并没有做什么事情？你是否觉得总没有时间运动或休息，甚至连随便玩玩都没有时间？如果针对这些问题，你的答案是肯定的，那么你的身上已浮现出时间管理不良的征兆。

生活中，你可能还会遇到这样一些问题：你正在写计划，结果电话响了，那些请示的、投诉的、朋友聊天等不得不接的电话缠住你，于是一上午过去了还没写几个字；领导最近安排了很多事情，一起堆着，这个方案本周之内完成，那个方案需要明天就出来，自己分身乏术。每天都感觉很忙，这件事也急，那件事也急，到底先做哪件事呢？

张老师正在上一堂别有趣味的课，他先是把一个玻璃罐子放在桌子上，然后再把一些鹅卵石放进玻璃罐子。等到张老师把所有的鹅卵石放进罐子之后，他问台下的学生："你们仔细观察，这个罐子还能装东西吗？"学生们看了看装得满满的罐子，都摇头："不能了。"

这时张老师笑着从桌子底下拿出一袋小石子，沿着玻璃罐倒下去，全部倒完了，罐子看上去又满了，张老师问学生："你们觉得这个罐子还能装进东西吗？"学生们有些不敢确认，一位学生小声回答："我觉得还能装进去一些东西。"张老师没说话，又拿出一袋沙子倒进玻璃罐，然后问："现在呢，还能装东西吗？"这时学生们似乎相信了，齐声回答："还能。"果然，张老师又拿出一瓶水，慢慢倒进玻璃罐子。

一个普通的玻璃罐就这样装下了如此多的东西，但是，如果不是先把最大的鹅卵石放进罐子，或许以后永远没机会把它们放进去了。生活中很多事情，其实都可以像往这个玻璃罐里放东西那样，先进行时间级别的分类，按照事情的轻重缓急进行组合，确定先后顺序，做到不遗不漏。

"时间四象限"法是美国的管理学家科维提出的一个时间管理的理论，把工作按照重要和紧急两个不同的维度进行了划分，基本上可以分为四个"象限"：既紧急又重要（如客户投诉、即将到期的任务、财务危机等）、重要但不紧急（如建立人际关系、人员培训、制订防范措施等）、紧急但不重要（如电话铃声、不速之客、部门会议等）、既不紧急也不重要（如上网、闲谈、邮件、写博客等）。

然后按处理顺序划分：先是既紧急又重要的，接着是重要但不紧急的，再到紧急但不重要的，最后才是既不紧急也不重要的。"四象限"法的关键在于第二和第三类的顺序问题，必须非常小心区分。另外，也要注意划分好第一和第三类事，都是紧急的，区别就在于前者能带来价值，实现某种重要目标，而后者不能。

1. 第一象限，重要又急迫的事

这一部分事情是需要马上去做的，如应付难缠的客户、准时完成工作、住院开刀等。大部分人工作中的主要压力来自第一象限，实际上第一象限80%的事务来自第二象限（重要但不紧急）没有被处理好的事情。即这个压力是自己给自己的，所以关键是尽量多解决来自第二象限的事情，如此才会使压力得到缓解。许多重要的事情经过拖延或因事前准备不足，就会变得异常窘迫。

2. 第二象限，重要但不紧急的事

这主要是与生活品质有关，包括长期的规划、问题的发掘与预防、参加培训、向上级提出问题处理的建议等事项。这些事情不能因为不紧急就不去解决它，应该第一时间将任务进行分解，然后逐一去解决，并制订时间表，在规定的时间内完成，如此就不会让第二象限的事情挤压到第一象限中去。如果忽略这部分事情，就会使自己陷入更大的压力。多投入一些时间会提高实践能力，缩小第一象限的范围。做好事前的规划、准备与预防措施，很多急迫的事情就不会产生。建议把

80%的精力投入到这个象限的工作，使第一象限的"急"事无限变少，令自己不再瞎忙。

3.第三象限，紧急但不重要的事

电话、会议、突然来客都属于这一类。当自己感到疲惫的时候，可以通过做一些不重要的且紧急的事情来调整状态和身体，不过不要在这个象限中投入过多的精力，否则就是浪费生命。当我们变得非常繁忙的时候，需要去第四象限里休息一下，不过诸如阅读无聊小说、看毫无内涵的电视节目、办公室聊天等，这样的休息是对身心的毁损，并非真正的休息。或许刚开始有滋有味，但后来你会发现比较空虚。

4.第四象限，不紧急也不重要的事

这一象限的事是我们忙碌且盲目的源头，最好的办法是放权交给其他人去做，或者通过委婉的拒绝以减少此类事情的发生。表面上看似乎会产生"这件事很重要"的错觉，实际上就算重要也是对别人而言。如果花很多时间在这里打转，自以为在第一象限，实际上不过是在满足别人的期望与标准。

小贴士

时间管理其实就是管理自己，改变自己，改变那些固有的坏习惯，而改变坏习惯的本质就是靠合理的规划和自我的意志力，不按照以前的生活继续下去。生活中的事情，大致可以分为轻重缓急，我们应按照时间做出合理分配。

在对的时间做对的事

生活中普遍存在这样一种现象:一个人如果觉得这是一件不值得做的事情,他往往可能会持敷衍了事的态度。换句话说,对于他认为不值得去做的事情,那就不值得去做好。当然,由于这种心理,使得他在从事自认为不值得的事情的时候,难以成功;即使成功了,他也体会不到多大的成就感。每个人都有不同的价值观,而人们往往做事情的标准则是:只有符合自己价值观的事情,才会满怀热情地去做。对于符合自己价值观的事情,能够做得很好;反之,与自己价值观不相符合的事情,很难做好,因为缺乏足够的热情。这就是心理学上的"不值得定律"。在职场中,同样一份工作,在不同的环境下,它所给我们的感受是不同的。比如,在一家大公司,初入职场的你被安排做打杂跑腿的工作,很可能你认为这是不值得的,结果,你就连一些小事情都不能做好;反之,一旦你晋升了职位,你就会觉得这份工作是很难得的,自己一定要好好努力工作,因为它值得你去为之努力。

"我喜欢创作,而我却在做指挥。"这个矛盾一直折磨着世界著名指挥家——伦纳德·伯恩斯坦。虽然,他无数次站在舞台上接受掌声和鲜花，但是他心里是不愉快的，总是感到阵阵隐痛和遗憾。生活中，我们常说"选择你所爱的，爱你所选择的"，说的就是这个道理。当我们选择的是我们所感兴趣或认为有价值的事情，那么我们就会激发出全身的力量去努力，心理也会相对坦然很多。对此，"不值得定律"给予我们这样的启示：不值得做的事情不要做，值得做的事情就要把它做好。当然，什么是值得的，什么又是不值得的，这根源于每个人的价值观。

小杜是计算机专业的硕士生，毕业后去了一家大型软件公司工作。工作没多久，他就凭着深厚的专业基础和出色的工作能力，为公司开发出一套大型的财务管理软件，为此，他得到了公司同事的称赞和上司的肯定。

就在去年，小杜被提升为开发部经理，在上司看来，小杜不仅精通技术，而且是一个值得下属信任和尊敬的上司，而他所领导的开发部也确实屡创佳绩。公司老总认为小杜是一个不可多得的人才，就把他提升为总经办，负责全公司的管理工作。接到任命通知书后，小杜并没有显得多么高兴，他明白自己的特长是技术而不是管理，如果自己纯粹去做管理工作，会使自己的特长无法发挥，而自己的专业技术也将荒废。更关键的是，自己并不喜欢做管理，在小杜看来，那是不值得去做的工作。

可是，碍于上司的权威和面子，小杜还是接受了这份对他来说不值得做的事情。结果，在接下来的一个月里，虽然小杜做出了最大的努力，但还是令人失望。上司难以体会到他的苦衷，也开始对他施加压力。如今，小杜不但感到工作压抑，毫无乐趣可言，而且他越来越讨厌这份工作，甚至想到了离开公司另谋出路。

如果你一天花这么多时间在一件不值得去做的事情上，那么工作对于你而言，将会变成一件痛苦的事情。就像案例中的小杜一样，或许这样还会危及你的大好前程。在这里，建议那些将精力花在不值得去做的事情上的人们，不要再耗费自己的生命了。

那么，在生活中，我们该如何避免"不值得"观念的产生呢？

1. 不断补充知识

《论语》曰："吾十有五而志于学，三十而立，四十而不惑，五十而知天命，六十而耳顺。"人生是一个不断学习、不断丰富的过程。随着年龄的增长，我们的知识以及能力也会不断提高。在知识的感知下，我们将越来越能正确分辨哪些事情是值得去做的，哪些事情是不值得去做的。

2. 换个角度思考问题

俗话说："旁观者清，当局者迷。"有时候，我们自己置身其中，往往不能分辨出这件事到底值不值得做。这时候，我们应该换个角度思考问题，站在第三者的立场看问题，这样我们就会多一些理解与包容，看问题会更全面、更周到。这样，可能我们会对一些之前认为不值得的事情有一些改观。

3. 善于听取别人的意见

哲人告诫我们："多听，多看，多想，凡事三思而后行。"对于每一件事，每个人都有自己看不到、想不到的地方。为了避免一些人生错误，我们应该多听、多看、多想、多听听他人的意见，这样我们才会对事情判断得更准确，避免过分值得或不值得的现象出现。

小贴士

或许，是到了你该离开的时候了，离开这个不能让你振奋、给你新知的地方吧，开始重新去寻找一些值得去做的事情，这样才能体现出你应有的价值。

最大限度提高做事效率

什么是最佳时间段？也就是我们的大脑最活跃的时间段。每天有24小时，我们的大脑有最兴奋、最活跃的阶段，也有疲惫而需要休息的阶段。这就好像每天的太阳一样，在夏天的时候，中午12至15点的太阳是最毒辣的，假如我们想要避开这个时间段或利用这个时间段，那就需要进行一番安排了。大脑就好像一个机器，它不可能一天24小时不停地高效运转，它也有累而不想动的时候。

因此，我们要想提高做事效率，就要善于利用最佳时间段，在有限的时间里最大限度地提高学习效率。当然，因为生理特点以及生活环境、做事习惯等不一样，每个人的最佳时间段是不一样的。所以，我们在实际做事的过程中，要善于将普遍的最佳时间段与自身特点结合起来，这样才可以最大限度发挥自己全身的潜力。

大量研究证明，如果能够合理利用生物钟，掌握最佳工作时间，就能够有效提高工作效率。当然，这需要利用大脑一天之中记忆力和专注力最好的时候。那么，一天中什么时候人的记忆力是最好的呢？什么时候才是最佳工作时间呢？据相关生理学家研究，一个人的大脑一天中有一定的活动规律：

6~8点：这时一个人结束休息进入大脑兴奋状态，由于肝脏已经把人体内的毒素全部排干净，大脑开始清醒，记忆力比较强，比较适合工作和学习。

8~9点：这时人的大脑依然处于极度兴奋状态，记忆力处于最佳状态，整个人状态不错，精力很旺盛，这时大脑可以思考一些严谨、周密的事情，可以做一些比较困难的工作。

10~11点：人体处于很好的状态，看上去这样的状态可以持续到中午。性格较为内向的人在这个阶段是精力旺盛的时候，不要因为快要到中午而选择放弃，做任何工作都是可以的。

12点：尽管处于午餐时间，但人体的精力依然不错，不过，需要按时吃饭，才能补充体力。在中午，尽量不要喝酒，一旦喝酒，下午半天基本上就无法做任何事情了。

13~14点：吃过午餐之后，整个人有点犯困，白天大脑精力旺盛的阶段已经过去了，这时处于精神比较差的时候。此时人的大脑反应迟钝，已经感到有些累，应该选择适当休息，午睡时间可以为30分钟至1小时。

15~16点：通过午休，身体重新获得了精力，大脑在这一阶段比较活跃，精神旺盛。大量实验表明，在这个阶段人的记忆力是非常好的，工作和学习中有需要记忆的，可以安排在这个阶段。工作状态也在渐渐恢复，如果是性格外向的人，那这一阶段是精力很旺盛的时候，之后还能持续几小时。

17~18小时：这一阶段人的体力和耐力进入24小时周期的最高峰，工作起来效率更高。大量数据表明，在这个阶段人们可以选择做一些复杂计算和费脑的工作，所得到的效果是良好的。

19~20点：人们精神开始消退，情绪也处于不稳定的状态，应该适当休息。

20~21点：大脑又开始进入兴奋期，反应也恢复了，记忆力非常好，这一阶段到临睡前是很不错的记忆时间。

22~24点：这一阶段，人体开始细胞修复工作，精神倦怠，应该进入睡眠时间。

我们做事的效果主要取决于大脑皮层所处的状态。所以，我们要学会科学用脑，而科学用脑最重要的一条，就是充分利用好每天的最佳时间段。人在一天的不同时期，大脑活动效率是不一样的，最佳的工作时间应该是一天中大脑最清醒的时候。

生理学家研究发现，一天中有4个工作的高效期，假如安排得当，就可以轻松地掌握、提高效率。那么，应该如何利用好这4个最佳时期呢？

1. 清晨

可以说，早上是记忆力最佳的时间段。经过一个晚上的休息之后，大脑充满了活力，处于极度兴奋的状态，非常清醒。在这个阶段，不管是记忆还是做事，脑子都比较清晰，那些平时记忆起来比较吃力的知识点也能毫不费劲就记住。

2. 上午8~10点

在这个时间段，人的精力非常充沛，大脑比较兴奋，思考问题也很容易得出确切的答案。如果工作中遇到了难题，可以选择在这个时间段想办法攻克难题。

3. 下午6~8点

下午6~8点是大脑兴奋的阶段，是最佳的工作时间。完全可以利用这段时间来工作，适用于整理资料、归纳工作等事宜。

4. 入睡前1小时

入睡前1小时，也是工作的最佳时间段。利用这段时间来加深印象，尤其是对一些难以记忆的东西加以复习，则不容易忘记。

以上所述就是通常的工作时间规律，对于不同的人而言，还有自己独特的工作时间规律和习惯。

小贴士

为了提高效率，要善于发现并充分利用独特的最佳时间段。假如是夏天这样的炎热天气，那就尽可能利用好早晨2小时和晚上2小时，这段时间空气凉爽，效率应该是不错的。

第9章

拒绝借口，是克服拖延症的第一步

世界上有两种人喜欢找借口，一种是从一开始就找借口为自己开脱，根本不想去做的人；一种是一开始也努力去做却没能坚持，或是看似在努力、实际根本就没有全力以赴的人。没有借口的结果就是行动，并100%完成任务。那些没有完成任务的人，就是在为自己找借口的人。

做好本职工作，无须借口

不找任何借口，不仅是做好本职工作的前提，更是缓解工作压力的基础。在日常工作中，人们总会遇到各种各样的问题，这时往往有两种态度：一种是找借口躲避；另一种是找方法解决。不少人觉得，自己没办法解决问题，能躲就躲吧。其实，这就是找借口的典型例子。不同的态度，不仅是不同工作效果的根源，更是不同命运的根源。那些主动找方法解决问题的人，必然是发展最快最好的人；而那些不断找借口的人，必然是最没有发展的人。"找借口"是工作中最大的恶习，是一个职业人逃避应尽责任的表现，它所带来的，不仅仅是工作业绩的失败，甚至会给公司和社会带来不可想象的损害。因此，要想成为一名优秀的职业人，需要做好本职工作，在任何时候，都不要找借口。

小张毕业后的第一份工作，是为公司的老总做秘书，而她做好的绝不仅仅是本职工作而已。工作没多久，小张便了解到老总患了一种慢性病，严重时会影响到工作，对此，小张显得格外小心。

有一天，小张在上班路上发现了一家药店的广告，正在

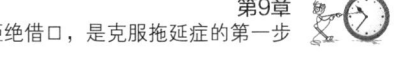

介绍一种可以治老总病的特效药。于是，小张赶紧下车将药买下，没想到这一耽搁，让从不迟到的她晚到了半小时。她到了办公室，老总正急得找她要资料，因此他将迟到的小张很不客气地训斥了一顿。在那一刻，小张觉得自己很委屈，当时就想解释，但转念一想：不迟到是公司的规定，有什么理由不遵守呢？于是赶紧道歉，一如往常地工作。

下班了，小张悄悄地将药放在了老总的桌子上，准备离开。老总发现了药，一下子反应过来，当他得知真实情况的时候，对自己早上的言行感到内疚，问小张："你为什么不早说呢？"小张只是很诚恳地说："您对我的批评是对的，不迟到是每个员工都应该遵守的规定，不论出于什么理由，我都不能找任何借口。"

许多人在工作中秉承这样一个理念：干好本职工作就行了，其他事情跟我有什么关系呢？对此，许多人问小张是如何做好各种不同的工作的，小张笑着说："其实我也只是转换一下思考问题的角度而已。如果只从自己的角度与感受出发，当然做不到。但是，只要我们围绕工作应尽的责任来思考，就会觉得非做不可，因为一个对自己负责的人，是没有任何借口的。"或许，小张的这几句话对那些总在找借口的职业人会有很大的帮助。

此外，在工作之余，我们还可以通过一些小技巧来获得快乐。

1. 与上司、同事保持良好关系

我们最大的苦恼就是无权选择和什么人一起工作，假如与其他人的关系不好，那工作就可能变成苦恼之源。所以，在工作中需要与上司、同事保持良好关系。需要注意的是不要过于责备别人；不要在意上司的批评；不要讲闲言碎语；不要与人争辩。

2. 以自己的工作为荣

即便你并不是很喜欢你的公司，也应该努力把工作做好。因为，只要你努力做好工作，就能够获得成就感，并且从中找到工作目标。假如你觉得自己的工作没有任何意义，那你内心就会感觉到无穷的压力，你根本没办法在工作中获得快乐。可以说，良好的工作态度有助于你获得上司的青睐以及同事的赞赏。

3. 不要将工作带回家

下班之后基本上就自由了，严格区分工作与生活。尽量不要把任何工作带回家，包括检查电子邮件或考虑工作安排。当晚上来临，就努力把白天的工作忘掉，做自己喜欢做的事。

4. 不要承担过大压力

许多公司都有巨大的销售计划和利润目标，这样的公司理念很容易将压力带给员工，使得工作环境也变得压力十足。但是，作为员工，我们没有必要强迫自己背负这种重压，不如把精力放在关键的工作环节上，并且多注意方法，缓解工作压力。

5. 不要闲言碎语

人们很容易被办公室的八卦对话所吸引，或许从这些流言中能获得暂时的快感。然而，这些快感给别人带来的伤害却是长时间的，很可能破坏你与其他人之间的关系。所以，不要在别人说闲话的时候煽风点火，应表现出一些善意。假如你说过别人的闲话，那或许同样的事情也会发生在你身上。

6. 午休时好好放松

一旦有时间就尽量摆脱充满压力的工作环境，换个环境可以让头脑更清醒。在午休的时候，可以找个安静的环境放松一下，这可以帮助自己恢复精力。离开了办公地点，不管是独处还是找朋友聚聚，都是很好的选择。

小贴士

一些人在工作失败后总是为自己找借口，从来不反省自己的过失，结果，非但自己本职工作没做好，反而搞得心情很差。其实，找一次借口并不可怕，可怕的是将逃避和推脱变成了习惯，到最后，就连借口也成了自欺欺人的手段，这无疑会成为阻碍自己向前发展的枷锁。

失败者找借口，成功者找理由

失败不需要借口，成功却需要理由。借口是失败的温床，而拖延者通常会成为制造借口的专家。他们经常会为没有做成的某些事情而想方设法地寻找借口，想出各种各样的理由去为那些未能按计划完成的事辩解。人的一生总会有太多的失败，那些失败的人总是为自己的失误找借口。当他们不能完成一件事时，就总是抱怨"上天不公平""老板偏心"等，这些看似说得过去的理由其实都不是失败的真正理由，这些只是借口。

在通向成功的路上，即便是荆棘满地，也需要咬牙挺住，坚持才是最大的胜利。如果说成功需要理由，那就是不断地坚持，再坚持，不达目的誓不罢休。失败后不要去寻找借口，失败了是因为不够坚持，没有付出足够多的努力。如果你总是为失败找借口，那些不真实的理由会逼着我们一次又一次地为自己开脱，最终一次又一次地失败，如此，我们与成功就好像是走不同方向的两个人，永远没有碰面的时候。

杰森·基德作为美国职业篮球协会1994—1995年赛季的最佳新秀，其成功的座右铭是——没有任何借口。

第9章
拒绝借口，是克服拖延症的第一步

在杰森·基德小时候，他的父亲常常带着他去打保龄球。当时，基德打得不怎么好，不过他总会跟父亲解释自己为什么打得不好。这时，父亲就严厉地告诉他："你别再为自己找借口了，这些不是你打得不好的理由，你打得不好的原因是没有时间练习。"从那时候起，基德就学会了不为自己找任何借口。即便成年后的基德，也总是竭尽所能地多练习，以此提高自己的技术。所以，每当队里练完球，基德总是一个人留下继续练习投篮，当然，成功最终给了他最好的努力理由。

生活中很多小习惯、小细节，如总是为自己没有完成的事情找借口，都是影响我们是否成功的关键因素。大部分人的借口都是"我很忙""我没时间"，但失败是没有任何借口的，失败了就是失败了，我们在接受失败这个事实的同时，需要反省自己，而不是为失败寻找借口。当然，成功并不是随随便便就能获得的，我们必须付出艰辛的努力，在成功的道路上，我们要不断为之寻找理由，那些坚持、付出的汗水与艰辛才能铸就最后的成功。

在生活中，借口往往是失败者的挡箭牌。某件事没办好，就想方设法地找一些冠冕堂皇的借口，推卸自己应该承担的责任，以换取别人的理解和原谅，同时令自己的心灵得到暂时的安慰。

当今社会的竞争十分激烈，我们每个人都在为自己的未来苦苦打拼。在这个过程中，有人升职了，有人降职了；有人成功了，有人失败了。我们每个人都怀揣着希望站在起跑线上，但我们最终的结局却不一样，原因就在于：失败的人总是寻找借口，成功的人总是寻找理由。

1. "我不行"是最烂的借口

在西点军校，每个学员都会说："我一定能行。"西点人认为，没有做不到的事情，如果你轻易地对人说："我不行"，那只是你为不能完成任务而寻找的借口。实际上，在这个世界上，没有我们做不到的事情，只有我们不敢想的事情。

生活中，面对一些事情，人们总会说"我不能""我做不到"，这件事还没开始，就先否定了自己，这样所能达成的目的就是寻找借口，逃避自己。在西点军校，没有任何借口，他们都坚信没有自己做不到的事情，只有无处不在的借口。

2. 别逃避自己

如果有人说"水声可以卖钱"，你可能会说："这是不可能的事情。"但是，在美国有个人用立体声录下许多潺潺的水声，复制后贴上"大自然美妙乐章"的标签高价出售，大赚了一笔。事实上，我们每个人都是战无不胜的，我们可以完成许多难以想象的事情。如果我们总是在犹豫着说"我不行"，那就是为自己的逃避寻找借口。如果我们在梦想萌芽时就出发，那我们一定可以实现自己的梦想。

3. 别在心里自我设限

在生活中，许多人不敢追求成功，并不是因为追求不到成功，而是他们喜欢为自己设限。在还没有开始追逐之前就在心里默认了一个"高度"，这个高度会常常暗示自己：成功是不可能的，这个是没办法做到的。

小贴士

心理高度是很多人为自己寻找的借口，借口让他们开始自我设限。因此，永远不要再为自己寻找借口了，我们应该不断地告诉自己：我能行，我努力就一定能完成，我是最优秀的。

心理拖延症

人生不需要任何借口

不找任何借口，它所体现的是一种负责、敬业的工作精神，一种诚实、主动的态度，一种完美、积极的执行力。在很多时候，借口是毫无意义的。"没有任何借口"，让自己养成不畏惧的决心、坚强的毅力，以及完美的执行力。不管遭遇了什么样的困境，我们都必须学会对自己的一切行为负责。

1916年，巴顿作为美国墨西哥远征军总司令潘兴将军的副官，接受了一次艰难的任务。巴顿将军在自己的日记中写道：

有一天，我接到潘兴将军派遣的任务，即给豪兹将军送信。在这之前，我已经了解到豪兹将军已经通过了普罗维登西区牧场。所以，我尽可能在天色暗下来之前赶到那里，途中我遇到了第七骑兵团的骡马运输队。为了更好地前进，我不得不向这支运输队要了两名士兵和三匹马，然后跟着这个运输队往前走。往前行进没多久，我又遇到了第十骑兵团的一支侦察巡逻兵。我告诉他们我要去找豪兹将军，没想到他们却告诉我："你可不要再往前走了，我们刚才巡逻了，前面的树林里全都是维利斯塔人。"我回答说："尽管如此，我还是要给豪

第9章
拒绝借口，是克服拖延症的第一步

兹将军送信。"我继续沿着峡谷前进，在穿越峡谷的时候，我又遇到了费切特将军指挥的第七骑兵团和一支巡逻兵，他们全都劝我别继续向前走了。我笑着说："因为峡谷里全部都是维利斯塔人吗？但是我还是要给豪兹将军送信。"他们表示不知道豪兹将军在哪里，所以我继续向前走，上天保佑我，我最终还是找到了豪兹将军，并亲手把信交给了他。

巴顿将军在完成任务的过程中，屡次被人劝阻："不要往前走了，前面都是维利斯塔人。"当然，那些劝阻的人都是出于一番好意，如果这时巴顿将军心里正想寻找某个借口，那他完全可以停下来，不再继续前进。如果是上级责问起来，他就可以说："当时我们已经走了很远，也没找到豪兹将军，而且前面到处都是维利斯塔人，实在是难以找到豪兹将军。"这听起来很符合情理，而仔细一推敲，却发现全部都是借口。有这样想法的人，就是把"借口"当挡箭牌的人。

张三和李四是两个裁缝师傅，有一次，他们在一起工作时，张三需要将手中的针交给李四。不过，就在快要交接的时候，张三手中的针掉到了地上，当时又是昏暗的傍晚，屋里光线很暗，实在不容易找到一根针。

在这个时候，他们应该怎么办呢？我们可以设想一下，大概会出现以下三种情况。

第一种情况是，张三和李四开始吵架，李四指责张三没拿稳针，张三则怪李四动作慢了才会导致针掉在地上，他们一直在争论着这是谁的责任，压根忘了地上的针。

第二种情况是，张三和李四纷纷表示先找到针才是正事，所以接下来的几个小时，他们都在地上找针。

第三种情况是，张三和李四为了尽快找到针，分头行动，一个从这边开始进行寻找，一个从那边开始寻找。

我们可以猜想一下，上面这三种情况哪种最有可能找到针呢？

几乎所有的人都知道第三种情况能最快找到针。如果总是埋怨对方，总是为自己找借口，事情永远也办不好。故事很简单，但是蕴含的哲理很深刻，如果两个人各自为自己开脱，"这与我没关系""这不是我的责任"，那么只能让麻烦越变越大，根本不能解决遇到的问题。工作中，如果一个人找各种借口为自己开脱，只会欲盖弥彰。这样一来，就会给他的上司留下不能按时完成任务、能力差的印象。长此以往，他在公司的地位就会越来越低，其他人也不愿意和总是找借口的人合作，他们害怕有一天他也会将所有的原因都推到他们身上，而将自己身上的责任推得一干二净。

有一些人在遇到问题的时候，不会想着找借口，而是想尽快找到解决问题的办法，将问题解决。这样的人责任心很强，他们对自己做不到的事也不会找各种各样的借口，他们会真诚地说出自己为什么没能及时将问题解决，再用各种办法在最短的时间内将问题解决。这样的人是不会轻易许诺的，如果真的许下什么诺言，他们一定会想尽各种办法实现诺言。

1. 没有借口

即使有什么问题没有解决，也别费尽心思地去找各种借口为自己辩白，而应将所有的情绪都放下，先解决问题。要知道，解决问题才是最关键的。

2. 不推卸责任

在现实生活中，我们经常会听到这样或那样的借口。当有些人做不好一件事情，或者完不成一项任务时，他们就会有很多借口。在借口的遮挡下，他们学会了抱怨、推诿、迁怒，甚至愤世嫉俗，直到最终他们都没发现，借口就是一个敷衍别人、原谅自己的"挡箭牌"。寻找借口，无疑是掩盖了自己的弱点，推卸了自己的责任。

小贴士

我们应该想尽办法去完成任何一项任务，而不是为没有完成的任务去寻找这样或那样的借口。即便是看似很合理的借口，也是不允许的，我们要有一种不达目的不罢休的毅力。在生活中，我们要知道，做任何一件事情，只要我们努力去做，就不可能不成功，千万不要把借口当作自己的挡箭牌，我们不可能一辈子依靠"借口"而活。

只找方法，不找借口

　　人生不应该停留在"等"和"靠"上，成功不会像买彩票那样充满侥幸，唯一需要的是制订计划并立即执行。不等不靠，现在就去做，表现出来的是一个成功人士应有的精神风貌。如果你是因为没有信心才迟迟不敢行动，那么最好的消除障碍的办法就是立刻去做，用行动来证明你的能力，增强你的自信。与其找借口，不如找方法。

　　李大钊曾经说过："凡事都要脚踏实地地去做，不驰于空想，不骛于虚声，而惟以求真的态度做踏实的工夫。以此态度求学，则真理可明。以此态度做事，则功业可就。"

　　面对很多事情，庸者只会说"那个客户太挑剔了，我无法满足他""我可以早到的，如果不是下雨""我没有在规定的时间里把事情做完，是因为……""我没学过""我没有足够的时间""现在是休息时间，半小时后你再来电话""我没有那么多精力""我没办法这么做"……

　　寻找借口的唯一好处，就是把属于自己的过失掩饰了，把应该自己承担的责任转嫁给社会或他人。这样的人，在公司里不会被老板信任，在社会也不会成为大家信赖和尊重

第9章 拒绝借口,是克服拖延症的第一步

的人。

然而,遗憾的是,在现实生活中,我们经常听到这样或那样的借口。上班迟到了,会说"路上堵车""早上起晚了";业务成绩不好,就会说"最近市场不景气,国家政策不好,公司制度不行"。这样整天寻找借口的人,只要他们用心去找,借口无处不在。结果,他们把许多宝贵的时间和精力放在了寻找合适的借口上,浑然忘了自己的职责所在。

吉姆在公司待了两年了,与他一起进公司的人早就升职加薪了,但吉姆还在原地踏步。每当老板对吉姆说:"吉姆,为什么不去争取做一些有挑战性的业务呢?你在底层锻炼的时间已经够长了。"这时吉姆总是说:"我觉得自己条件还不具备。"这时老板总会摇摇头,欲言又止。

最近,吉姆的一个同事又升职了,这样就仅剩吉姆一个人在最底层了。吉姆觉得不服气,他去找老板说:"为什么升职加薪都轮不到我呢?"老板说:"吉姆,你还在为自己找借口。当你觉得条件尚不具备的时候,为什么不自己去创造一些条件呢?如果你将寻找借口的时间和精力用来寻找一些恰当的方法,我想不用你来找我,我会主动给你升职加薪的。"

假如所有的行动像发射火箭一样,在发射之前所有的设备、程序等条件都必须全部到位,行动只有在发射瞬间,那这个理由确实是合适的。然而,在我们现实生活中,如果真的等到全部条件具备齐全之后才开始行动,那就会丧失机会。

"条件不具备"其实也是自己逃避责任的借口，以条件不具备作为借口不行动，只会延误计划，丧失机遇。如果我们觉得自己能力不足，为什么不去寻找自己到底哪里不足，而总是找借口说"我不行"？

1. 找准自己的责任

不管做什么事情，都要记住自己的责任；不管在什么样的工作岗位上，都要对自己的本职工作负责。千万不要用任何借口来为自己开脱，因为完美的执行力是不需要任何借口的。

借口是一面挡箭牌，这本身就是一种不负责任的态度。时间长了，对自己绝对是有害无益。若你花了太多的时间去寻找各种各样的借口，就会不再努力工作，不再想法设法争取成功。对老板吩咐下来的任务，如果你不想做，就会去找一个借口；如果你想去做，就会去找一个方法。因此，找借口不如找方法。

2. 不需要找借口

每天，我们需要对自己说："我是一个不需要借口的人，我对自己的言行负责，我知道活着意味着什么，我的方向很明确，我知道自己的目的是怀着一种使命感做事情。我行为正直、自己做决定并且总是尽自己最大的努力。我不抱怨自己的环境，努力克服困难，不去想过去而是继续去实现自己的梦想。我有完整的自尊，我无条件地接受每一个人，因为在上帝的眼中，我们都是平等的，我不比别人差，别人也不比我好。作为一个没有任何借口的人，我对自己的才能充满信心。"

小贴士

其实，在每一个借口的背后，都隐藏着丰富的潜台词，那就是逃避困难和责任。智者会说："我会尽力想办法的。"当许多事情已经形成了定局，我们只能寻找破解方法，而不是寻找借口。

第10章

着眼当下,坚持做好每天应该做的事

　　正念,是以不判断或完全接纳的方式将注意力集中于当下体验,是一种灵活的意识状态,它是个体以开放和接纳的态度去关注并觉知内在和外在世界。简而言之,正念就是活在当下,率先做好当下之事。

高效率做事是一种能力

高效率意味着高投入，没有投入就没有产出，低投入只能带来低产出。对大脑的投资是一种影响命运的投资，只能以最大、最优先的投入对待。对大脑的投资也是一种产生最大效率和最大收益的投资，永远不会亏本。明白了这个道理，你才能拥有正确的时间观念，才会有获得财富和社会地位的能力；你才能获得比别人更高的效率，才能跑在赛道的最前面。

知识和能力上的一点差距可能带来迥然不同的结果。在其中，对于时间观念的正确认识，对于做事效率的掌控，是人与人之间能力和知识差别的重点。投资大脑，为未来准备知识和经验能使你在新的形势中迅速找出规律。你找出的规律越多，你的效率提升就越快，你在各种情况下做出抉择、采取行动的速度就越快，你的时间也就节省得越多，这就会使你更快走入成功者的行列。

1. 改变不良习惯

一些成功的企业家告诫年轻人，有什么样的思想观念，就有什么样的工作效果。不断地更新观念，不断分析自己、认识自己、提高自己，才能改变不执行和浪费时间的不良习惯，自动自发地做好本职工作。

2. 找到提高效率的方法

在这个世界上，做同一种工作的人不计其数，做同一种工作的方法更是数不胜数，其中不乏效率高的方法，这就需要自己去寻找、去借鉴。在这个追求高效率的社会里，抓不住效率的绳索，就会被高效率的机器甩出十万八千里。没有效率意味着被淘汰，而不投资大脑也就意味着没有效率。

3. 提高执行力

提高做事效率，其中重要的一项是提高执行力。要提高执行力就要加强学习，更新观念。日常工作中，我们在执行某项任务时，总会遇到一些问题，而对待问题有两种选择。一种是不怕问题，想方设法解决问题，千方百计消灭问题，结果是圆满完成任务；一种是面对问题一筹莫展，不思进取，结果是问题依然存在，任务也不会完成。反思对待问题的两种选择和两种结果，我们会不由自主地问道：同是一项工作，为什么有的人能够做得很好，有的人却做不到呢？关键是每个人认识和对待时间的态度不同。

小贴士

萧伯纳说："世界上只有两种物质：高效率和低效率；世界上只有两种人：高效率的人和低效率的人。"如果你不想做一个低效率的人，你就需要获得比别人更多的知识和方法。只有找到世界上最有效率的方法，你才能赢得世界的尊重和梦寐以求的财富。

第10章
着眼当下,坚持做好每天应该做的事

一次就将事情做好,避免返工

生活中,人们在各行各业里谋生存,每个人都有自己的工作职责及标准,如军人的职责是保家卫国,老师的职责是教书育人,因为每个人所处的具体位置不一样,所以每个人的工作职责也有所差异。虽然处于不同的工作职位,但领导对其的希望无一例外都是一次性把事情做好。

但是日常工作中,很多人做事的缺点就是工作不仔细、做得不到位,每天的工作很难一次性做好。

有一次,耶稣与门徒彼得一起远行,在行走的路途中,他们发现了一块破旧的马蹄铁。耶稣说:"彼得,将这块铁捡起来吧。"彼得却装作没听见,一直往前走,因为他不想弯腰。耶稣见了,一句话没说,自己弯腰捡起了马蹄铁,后来用这块铁换了三块银币,然后又用这银币买了18颗樱桃。

耶稣和彼得继续前行,他们走入了一片苍茫的荒野。由于天气比较干燥,身体又很疲惫,彼得感到非常口渴。耶稣看见了,走到彼得前面,故意让藏在袖子里的樱桃掉出一颗,后面的彼得看见了,弯下腰去捡起樱桃吃掉。耶稣一边走一边丢完了18颗樱桃,后面的彼得也弯腰了18次。

这时，耶稣回过头对彼得说："如果当初你弯一次腰，就不会有后来没完没了的弯腰了。"

如果一次性把事情做到位，那后面的工作就可以省去许多麻烦，这样工作也将更加有效率。许多工作多年的人都有这样的经历：为了早点结束工作，常常迅速地将事情做完，并没有过多地考虑细节问题，最后却不得不重新再做一遍。如此一来，有时候浪费的并非只是自己的时间，还有别人的时间。究其根本，就在于没有将工作做到位。

不能一次性做好事情不但会给自己带来麻烦，还会给别人带来麻烦，甚至有可能给领导带来工作的麻烦。对于公司安排的工作，如果你没去做，那领导就要去做；如果你不能将事情一次性做好，那领导就要帮你收拾烂摊子。工作没做到位，就要花时间去补充、修正，这样一来，不但浪费自己的时间，还会占用别人的工作时间，所以最好尽力把工作一次性做到位。

张军和李东是好朋友，他们同时应聘到一家大卖场，拿着差不多的薪水。一年以后，张军升职加薪，李东却依然是一个小业务员。李东觉得很奇怪，为什么张军如此深得老板的信任呢？原来，这源于老板的一次现场考试。

老板先是吩咐李东："你现在去农贸市场看一下，看看今天早上有卖白菜的吗。"李东兴冲冲地去了，一会儿回来告诉老板："有两个农民拉了一车白菜在卖。"老板问："那大概有多少斤呢?"李东一拍头,说:"哎呀,忘记问了,我再去问一下。"然后又风风火火地跑了,回来告诉老板:"有100斤白菜。"老板问:"那价格呢,你问了吗?"满头大汗的李东很委屈:"可是你并没有吩咐我询问价格。"老板让李东先去忙了,又叫了张军过来。

老板吩咐张军:"你去附近的农贸市场看一下,今天有人卖白菜没。"过了一阵子,张军从农贸市场回来了,他向老板汇报说:"今天农贸市场有两个农民在卖白菜,一共有100斤,价格是8毛一斤,我顺便看了一下,白菜很新鲜,是才从地里摘回来的,价格也比较合适,我还带了一个回来给您看看。"张军边说边拿出一棵新鲜的白菜,然后说:"我想这么新鲜的白菜应该不错,而且根据以往卖场的销量,这100斤白菜可以在3天之内就销售完。如果我们全部买下,肯定还有不少优惠。所以,我把那两个农民也带来了,他们正在外面等着我回话呢。"就这样,张军因为懂得一次性把事情做好,所以成为老板提拔的对象。

一次性把事情做好,不仅在于按照领导的吩咐去做事,还在于你积极主动地寻求做事的诀窍。如果领导只吩咐你询问价格,你就真的只做这件事,而不顺带将其他情况一并问清楚,那等到领导追问事情的进展时,你只能哑口无言。

有些人认为,没有必要把每一件事都做得完美,人生在世总会遇到很多事情,谁能保证每一件事都能做好呢?他们对此总有一种误区，所以在做事时能糊弄就糊弄，得过且过。

当决定一次性将事情做好时，前进就有了动力和方向。假如总是能把该做的事做好，那每件事就有成功的希望。努力把手头的每件事"一次性做好"，因为在很多情况下，假如第一次没有做好，可能就没有第二次机会了。

1. 有责任心

李冰父子率众修建水利工程都江堰，世世代代泽被川西。当时并没有很好的技术，但他们"居之无倦，行之以忠"，以竹笼装石、鱼嘴分流、宝瓶引水做好水利工程，至今仍然坚固，这就是因为责任心。

2. 用心专一

爱迪生在十多个月内不做别的事，一心一意发明电灯，前后试验了1600多种材料，尝试了几百种设计方法，终于点亮真正有广泛应用价值的白炽灯。尽管爱迪生这"一次"的发明时间长了些，挫折多了些，但他还是把事情做好了。只要用心专一，再困难的事情都能做好。

3. 必须有能力

没有能力，再有责任心，再用心专一，顶多是把事情做完，而不是把事情做好。

4. 良好的做事习惯

拥有良好素养的人，做事往往会马到成功，而良好的素养首先建立在良好的做事习惯上。要想一次就把事情做好，离不开严谨的做事习惯,如果这种习惯能够变成一种自然的素养则更好。

小贴士

一些人做事总是差不多就行了,他们也看不惯认真工作的同事。当同事正在努力思考问题解决方法的时候,他们却泼冷水:"差不多就行了,何必那么认真呢?"其实,人生最怕认真二字,只要认真了,事情往往就成了。

每天只需要做好一件事情

　　生活中的坎坷很多源于自己的选择。你之所以迷茫甚至跌倒，多是因为你没有看清自己。认清自己的实力，选择一条适合自己走的路，每天积累一点点，成功就会更快降临。但你要知道，成功的尺度不是做了多少工作，而是做出了怎样的成果。确立了目标并坚定地"咬住"目标的人，才是最有力量的人。

　　目标始终如一的人，能抛除一切杂念，聚积所有的力量，全力以赴向目标挺进。把你需要做的事想象成一大排抽屉中的一个小抽屉。你的工作只是每天拉开一个小抽屉，高效地完成抽屉内的工作，然后将抽屉推回去。不要总想着所有的抽屉，而要将精力集中于你已经打开的那个抽屉。一旦你把一个抽屉推回去了，就不要再去想它。

　　给自己设立一个清晰而合理的目标，在较短的时间内、适当的努力程度下，踮脚就能够到的目标才会对你的人生有推进作用。那些看似远大、却只能当作谈资而最终束之高阁的理想，对于它的过分追求，最终只会成为一种妄想。

　　泰德·本杰明曾经在欧洲服役，后来居住在美国马里兰

第10章
着眼当下，坚持做好每天应该做的事

州的巴尔的摩城纽霍姆路5716号。在战场的那段时间，忧虑曾经一度令他精神崩溃。

当时，泰德在第94步兵师担任士官职务，主要是搜集和记录作战死亡、失踪以及受伤的士兵名单。同时需要帮助挖掘在战乱之中被埋葬的盟国及敌国士兵的尸体，将这些人的遗物转交给他们的家属或最亲密的朋友，毕竟这些遗物对他们的亲友具有很大的纪念意义。

泰德的工作很烦琐，他总是担心自己出错，造成难堪，所以他每天都在担心。有时候，他甚至会胡思乱想：在这战乱时期，自己是否可以安全度过，自己是否可以活着回去，16个月大的儿子，自己从来没见过，是否可以回去拥抱他呢？泰德又担忧又疲惫，竟然瘦了整整34磅。泰德心中充满对未知的恐惧，以至于精神恍惚，差点疯掉。无聊时，他总会呆呆地看着自己皮包骨的双手，想象着自己回家时非常瘦弱的样子，一瞬间陷入恐慌之中。泰德的精神彻底崩溃了，他像一个无助的孩子一样哭泣。他感觉自己非常脆弱，一旦只有他一个人待着，他就会伤心得无以复加。在坦克大战开始后不久的一段时间里，泰德经常哭泣，他对生活完全失去了信心。

1945年4月，每天处于焦虑中的泰德最终被医生诊断为患了"结肠痉挛"的疾病。这种病会给人带来很大的痛苦，而病因则是过分忧虑。泰德心想，假如当时战争没有马上结束，他大概会完全崩溃。

最后，泰德住进陆军诊疗站，一位军医给了他改变一生的忠告。当医生给泰德做完全面体检之后，告诉他说："泰德，你的病是在心里，我希望你可以将生活当作一个沙漏，你知道任何人都无法让所有的沙子同时通过瓶颈。在生活中，我们每个人都好像是一个漏斗，每天都有许多事情需要我们尽快完成，但是我们只能一件一件地完成。假如我们让工作如同沙粒一般均匀地缓缓通过瓶颈，那整个沙漏是可以正常工作的，我们的生理和心理也是非常健康的。"

在现实生活中，有些人并不是好高骛远，但在生活的重压下，眼前的一点点收获和利益已经无法满足他们的心。于是，他们的眼光变得很长远，长远到遥不可及却又异常渴望，不知不觉，高不成低不就成了他们的习惯。在对未来生活的憧憬中，偶然有一天他们低头时才发现，原来自己每一天都荒废了，都在原地的小小的圈子里踏步，远走的是心，而不是自己的脚步。

1. 认真对待每一天

只有每次只面对一天，并且把每一天都当作一辈子来过，我们才会万分珍惜这宝贵一天的每一分、每一秒。把每一天都当作一辈子来过，那么谁还会有时间去挥霍、去做些无用功呢？

2. 用心做好一件事

用心把一天中最重要的那件事做好，执着地追求，你就

第10章 着眼当下，坚持做好每天应该做的事

会发现，你所有的行动都会带领你朝着最终目标迈进。在激烈的竞争中，如果你能做好一天中最重要的事情，成功的机会将大大增加。

小贴士

人生的时间、精力极其有限，想让有限的时间、精力造就人生最大的成功，就必须拣对成功价值最大的事情去做。也就是说，我们每天都要有清晰的目标可以追求。每天做好一件事，这一个月，这一年，你将会有巨大的成长和收获。

要么不做，要么就做到最好

一个人或是一个企业，无论是做人、做事、做产品，都一定要做到精益求精，好的同时还要求更好，只有这样机遇才可能垂青于你，成功才可能离你越来越近。一个人做自己要做的事应该有这样的态度：要么不做，要做就做到最好。对成功的期盼来自四个字——精益求精，这就是渴望取得成功这一心理的根源所在。正如温斯顿·丘吉尔所说："唯尽善尽美者为上。"

尽管我们不能把每件事情做到尽善尽美，但在做事的过程中一定要精益求精。做事精益求精，不但能够提高自己成功的概率，还可以使自己的才能迅速获得进步，学识日渐充盈，最终提升自己的人生品位。虽然我们只是普通人，但我们要站得更高一些，这样，人生的视野才会更开阔，才会树立起大局意识，遇事才能够站在理性的角度去考虑，从而把事情做得更好。

"你竭尽全力了吗？"这句话是卡特总统一生的座右铭。正因为他每件事都竭尽全力，所以后来成了美国总统。

在卡特24岁时，他还是一名海军军官，当时他应召去见

第10章
着眼当下,坚持做好每天应该做的事

海曼·李科弗将军。尽管在正式谈话之前,李科弗将军让卡特可以随意选择谈论的话题,而卡特选择了自己擅长的话题,不过李科弗将军的提问依然把卡特问倒了,让他感觉直冒冷汗。

即将结束谈话时,李科弗将军问道:"你在海军学校的学习成果怎么样?"卡特马上自豪地说:"将军,我们一个班820人,我名列59名。"李科弗将军皱了皱眉,问:"为什么你不是第一名呢,你确定你竭尽全力了吗?"

卡特终于开始明白:自己自认为懂得了很多东西,其实还远远不够。

一个人不经过历练是成不了才的,这是一条真理。一个平庸的人永远不会把事情做到最好。而一个人若只用平庸的标准来要求自己,却又想名垂千古——那是不可能办到的事情,世上那些有成功希望的人,无不有着勤劳自信、精益求精的可贵品质。在做事情的时候,如果养成了马马虎虎的习惯,那么所有的能力、天分、智慧都很难发挥作用,并且可能将会因此而逐渐消失。做事严谨、精益求精的人,不管走到何处,做什么事情,都可能受到别人的欢迎。

一件精美的玉器,就是雕琢玉器的人的品牌。顾客拿到这件精美的玉器,就会联想起雕琢者精益求精的工作态度。送礼时,顾客"爱屋及乌",就会由对精美玉器的喜爱,转为对雕琢者的崇敬。你也许并不经营商店,但出自你手的每一个零件、每一个方案,都是你的"商品",你不应该容忍在自己的生命织锦中存在低劣易断的丝线。你所做的一切都应该代表着优秀,代表着卓越,应该让所有的人知道,你的作品不是漫不经心的潦草之作,而是完美的杰作——无论是你自己,还是别人,都不可能做到比这更出色了。

不管从事哪种职业,你都应该尽心尽责,尽自己的最大努力,求得不断的进步。换句话说,尽善尽美应该成为我们孜孜以求的目标。只有这样,追求完美的念头才会在我们的头脑中根深蒂固,在人生的各个方面体现出来。

拥有超过20年足球生涯的贝利被誉为世界球王,他曾参加过1366场比赛,一共踢进1283个球。卓越的球技为他赢得了无数的粉丝,哪怕球场上的对手也向他竖起大拇指。事实上,贝利不仅球技很好,而且对自身要求相当高。

就在贝利进球纪录达到1000个时,有记者提问:"在你过去的足球生涯中,哪个球踢得最好?"贝利笑着回答说:"应该是下一个。"正因为对自己有很高的要求,所以他才成了球王贝利。

尚可的工作表现人人都可以做到,只有不满足于平庸,才能追求最好,你才能成为不可或缺的人物。没有人可以做到完美无缺,但是当你不断增强自己的力量、不断提升自己的能力的时候,你对自己要求的标准会越来越高,这本身就是一种收获。

第10章 着眼当下,坚持做好每天应该做的事

1. 做事认真、迅速周到

随便你去问哪一位雇主,他们都会告诉你,如果他们要提拔一名员工,会挑选做事认真、迅速周到的人,绝不会看中那些拖拉懒惰的人。人类的历史,充满了因不小心所造成的种种悲剧。失败的最大祸根,就是从小养成了敷衍了事的习惯,而获得成功的最好方法,就是把任何事情都做得精益求精、尽善尽美,让自己经手的每一件事都贴上"卓越"的标签。

2. 追求卓越

追求卓越像是一块坚硬厚重的磨石,它会砥砺你,把你的工作带到最完美的境界。也许十全十美永远难以企及,但是只要你是在不停地追求,你就不会在原来的起点原地踏步。"超越平庸,接近完美",这是一句值得每个人铭记一生的格言。有无数人因为养成了轻视工作、马马虎虎的习惯,以及对敷衍了事的态度,导致一生处于社会底层,不能出类拔萃。

3. 以高标准要求自己

从平庸到优秀只有一步之遥,但有的人终其一生也无法跨越。只有当你选择了优秀,你才能做到卓越。有了尽最大的努力把事情做好的志向,不断对自己提出严格的高标准,你才会赢得别人的尊敬,做出令人吃惊的成绩。

小贴士

不论你从事何种职业,都要做到尽心尽责,尽自己的最大努力去不断进步。只有这样,追求完美的念头才会在我们的头脑中根深蒂固。

第10章
着眼当下，坚持做好每天应该做的事

坚持下去，做事绝不能"三分钟热情"

有人问著名的组织学家聂弗梅瓦基为什么把一生都花在研究蠕虫的构造上，聂弗梅瓦基回答说："你可知道，蠕虫那么长，而人生却这么短。"的确，一个人的生命是有限的，而科学研究是无止境的。简而言之，如果你想获得事业的成功，就必须持之以恒，甚至付出毕生心血。对于成功而言，恒心就是力量。

在人类历史的长河中，那些卓有成就的人都是这样成功的。宋代司马光编写《资治通鉴》，历时19年才截稿，但那时他已经是老眼昏花，不久就去世了；明代李时珍撰写《本草纲目》，几乎跑遍了名川大山，收集了无数资料，耗费了整整27年的时间，才铸就了这部巨著；谈迁花了20多年的时间才完成了《国榷》，不料完成之后书稿被小偷盗走了，无奈之下，他又开始重新撰写，前后共计30余年的时间才完成。这些例子都足以说明，无论做什么事情，只有持之以恒、呕心沥血，竭尽毕生，才能到达成功的巅峰；若只有三分钟热情，那你最终只能一事无成。

古人云："事当难处之时，只让退一步，便容易处矣；

功到将成之侯，若放松一着，便不能成矣。"在生活中，有很多事情并不是仅仅依靠三分钟热度就可以做好的，也不是一朝一夕就能做到的，而是需要持之以恒的精神，我们必须要付出时间和心血，甚至是一生的努力。当然，在这个过程中，我们需要忍耐，坚持、再坚持，等待机会和成功的来临。

著名数学家高斯从小就很喜欢学习，而且在数学领域表现出卓越的才能。有一次，父亲正在算账，高斯静静地在旁边看着，当父亲算出数目时，高斯却告诉父亲："父亲，这个账目不太对，你看应该是……"按照高斯的方式检验后，父亲发现儿子是对的。

高斯7岁时被父亲送到附近的学校读书，当时，他是班里年纪最小的，不过却是数学成绩最优的，所以总是受到老师的夸奖。虽然成绩优异，但小高斯依然不敢松懈，平时学习特别努力，白天上课时认真听课，平时也会利用很多时间来做数学练习题，阅读相关的著作。

每到夜深人静的时候，高斯就会提着自己用萝卜和油脂做的小油灯爬上顶楼，在很暗的光线下，认真地学习数学，直到很晚才休息。而且，他在平时的学习中有许多领悟和经验，如解题的新发现以及特别的解题方法等，他将这些感想写成"数学日记"。

高斯18岁那年，轰动了整个数学界。因为他成功地为自古希腊以来流传了两千多年的欧氏几何提供了第一次重要补充。

有人曾问高斯："你为什么能在数学上赢得如此多的成就？"高斯回答说："如果你和我一样认真且持久地思考数学真理，你也会获得同样的成就。"

高斯成功的秘诀就是"专心致志，持之以恒"，他研究数学，总是坚持到底，他最反对的就是做事半途而废。当他在对一些重要的定理进行证明的时候，总是利用多种解决、证明的方法，并从中发现最简单和最有力的证明。正是因为高斯如此持之以恒地钻研数学，才为科学事业的发展作出了卓越的贡献。

1. 坚持到底

生活中，那些"三分钟热度"的人，尽管他们接触了不同的工作，涉足了不同的行业，但他们只是在猎奇的过程中获得了满足，却未能深耕下去。相反，那些只做了一件事情并坚持到底的人，他们往往能在某个行业或某个领域达到一定的高度，他们才是真正的成功者。

2. 控制自己的激情

做事不能只有"三分钟热度"，而是需要在保温中继续加温，需要持之以恒，这样才能有所为。现代社会，不少年轻人在刚开始工作时满腔热血，但时间久了就慢慢地懈怠了，最终一事无成。其实，工作不是仅仅依靠热情就能做好的，它更需要坚持、坚持、再坚持，而不是三分钟热度，只有做到了这些，你才是真正的职业人。

3. 学做"龟兔赛跑"里的乌龟

我们都听过龟兔赛跑的故事，在生活中，我们的身边也会出现"龟兔赛跑"的例子。有的人是爱睡觉、对事情三分钟热度的"兔子"，他们总是情绪不稳，一会儿想要夺冠，一会儿想要偷懒。而有的人则是慢腾腾的"乌龟"，虽然跑得比较慢，但他们的情绪和心态都比较稳定，认定了一个目标就认真地去完成，这样反而适应了社会的发展规律，最终夺冠。

小贴士

那些做事只有三分钟热度的人，他们似乎还没有真正地进入角色，有些人甚至对做事很不耐烦，他们的三分钟热度就好像是一种预警，预示着他们会放弃，或者被社会淘汰。在更多的情况下，他们往往会在东奔西跑中一事无成。

参考文献

[1] 高佑. 拖延心理学：重拾行动力，克服拖延症[M]. 北京：中国华侨出版社，2013.

[2] 克瑠斯. 终结拖延症[M]. 陶婧，于海成，卢伊丽，等，译. 北京：机械工业出版社，2015.

[3] 李立. 拖延心理学：向与生俱来的行为顽症宣战[M]. 北京：中国戏剧出版社，2011.

[4] 辰格. 戒了吧！拖延症：21天搞定拖延症[M]. 天津：天津人民出版社，2016.

[5] 牧彤. 拖延症的自我疗法：七周扫除拖延症[M]. 北京：人民邮电出版社，2014.